U0348274

清洁生产技术

◎ 彭春瑞 等 编著

中国农业科学技术出版社

图书在版编目（CIP）数据

水稻清洁生产技术／彭春瑞等编著．—北京：中国农业科学技术
出版社，2018.6

ISBN 978-7-5116-3687-4

Ⅰ.①水…　Ⅱ.①彭…　Ⅲ.①水稻栽培-无污染技术　Ⅳ.①S511

中国版本图书馆 CIP 数据核字（2018）第 103300 号

责任编辑	崔改泵　李　华
责任校对	马广洋

出 版 者	中国农业科学技术出版社
	北京市中关村南大街 12 号　邮编：100081
电　　话	（010）82109708（编辑室）　　（010）82109702（发行部）
	（010）82109709（读者服务部）
传　　真	（010）82106650
网　　址	http://www.castp.cn
经 销 者	各地新华书店
印 刷 者	北京富泰印刷有限责任公司
开　　本	710mm×1 000mm　1/16
印　　张	12.75
字　　数	229 千字
版　　次	2018 年 6 月第 1 版　2018 年 6 月第 1 次印刷
定　　价	38.00 元

《水稻清洁生产技术》
编著委员会

主 编 著：彭春瑞　钱银飞　涂田华

编著人员（以姓氏笔画为序）：

关贤交　邱才飞　陈　金

陈先茂　钱银飞　涂田华

彭春瑞　谢　江

前　　言

我国是世界上最大的水稻生产与稻米消费国，有 2/3 的居民以大米为主食，水稻生产技术居世界领先水平。但现代水稻高产技术的应用，也带来了农用化学品投入量的不断增加、资源消耗多且利用率低、农业面源污染加剧、生态环境恶化等一系列资源和环境问题，而且影响稻米的质量安全和水稻生产的可持续性，降低稻米的市场竞争力。随着社会和消费者对环境和农产品质量安全越来越关注，依靠大量增加化学品投入来增加产量的水稻生产方式的弊端日益显现，也引起各国政府和科学家的反思。我国从 20 世纪 90 年代以来，开始了有机水稻、绿色水稻、无公害水稻生产的探索，旨在保障粮食安全的同时，实现生态环境安全和稻米质量安全的统一，提高资源利用效率和促进水稻可持续发展。

清洁生产是一种新的创造性思想，它将整体预防的环境战略持续应用于生产过程、产品和服务中，以增加生态效率和减少对人类及环境的风险。清洁生产理念提出后得到世界各国的广泛认可，在工业生产上得到广泛的应用，并取得了显著的成效。随后许多学者提出在农业生产中也应实施清洁生产技术，1995 年经济合作与发展组织的报告也明确提出。水稻清洁生产是将清洁生产的理念应用到水稻生产周期的全过程，从源头消减污染，提高肥料、农药、水资源利用率，最终实现节能、增效和减少污染物的排放，同时保证水稻优质、安全，包括清洁投入、清洁生产过程、清洁产出三个环节，是一种农用化学投入品减量化、技术标准化、生产可持续化、环境友好化、产品绿色化的新型水稻生产方式，有利于实现粮食安全、生态安全、质量安全、资源安全的统一。

从"十五"开始，在国家科技支撑计划课题、农业部绿色农业项目、赣鄱英才 555 工程领军人才计划项目，江西省优势创新团队计划课题等一系列项目的资助下，开展了水稻清洁生产技术实践探索和技术研究，在此基础上，总结我国水稻清洁生产的相关研究成果和成熟技术，并组织撰写了《水稻清洁生产技术》一书，内容涉及水稻清洁生产的概念及实施清洁生产的重要性和必要性、产地选择与保护、投入品选择、化肥农药施用、配套栽培技术、废弃物处理与利用、收获与产后处理等，涵盖水稻生命周期全过程和水稻生产周期全过程。旨在为促进水稻生产方式转变，提高我国稻米竞争力和种植效益，减少农业面源污染和保护环境起到推动作用，也为水稻种植企业、合作社、种植大户、农民等提供技术指导。

本书由彭春瑞总纂，负责提出编写提纲、思路和要求，并负责全书的最终审稿和定稿。钱银飞负责统稿，各位编写人员负责各自章节的编写。具体分工如下：第一章由陈金撰写，第二章由涂田华、彭春瑞撰写，第三章由涂田华撰写，第四章由钱银飞、谢江撰写，第五章由陈先茂撰写，第六章由关贤交撰写，第七章由彭春瑞撰写，第八章由邱才飞撰写。

在本书出版之际，谨向为本书出版提供支持和帮助的上级部门和各级领导表示衷心的感谢。由于时间和编著者水平有限，加上水稻清洁生产技术研究起步较晚，而我国不同水稻生态区差异明显，技术总结不够全面，书中不足和疏漏之处在所难免，请广大读者批评指正。

编著者

2018 年 4 月

目　　录

第一章 概 述

　　我国是世界最大的水稻生产国与稻米消费国，有 2/3 的居民以大米为主食，水稻种植面积和产量约占全国粮食种植面积和粮食总产量的 30% 和 40%。我国在高产稻作理论研究与生产实践方面取得了巨大的成就，但对水稻生产全程质量控制与稻米品质改善等方面技术储备不足。因此，在面临稻作耕地减少、稻田生态环境不断恶化、人口持续增长、粮食安全问题突出及市场竞争加剧等多重压力下，如何因地制宜地推进稻米清洁生产，实行水稻生产全程质量控制，有效保证稻米品质的提高，协调好人与资源、环境的关系，正成为我国稻作技术及其标准化发展过程中面临的重大挑战。水稻清洁生产是在绿色理念引领与先进科技支撑下的生产方式，以高产生态优质高效为重要特征，对推动中国传统生态农业的转型升级、实现现代高效生态农业的可持续发展具有重要意义。

第一节　水稻清洁生产的概念及意义

一、清洁生产概念

　　清洁生产（Cleaner Production，CP）的理念源于 20 世纪 70 年代中后期，工业污染末端治理的弊端使西方发达国家开始在产业发展中探索一种污染防御战略，以减少生产工艺中污染的产生和废物最小量化。随后，清洁生产在实践中不断发展和完善，并渗透人类所有的活动中，得到世界各国广泛认可。在1989 年，联合国环境规划署（UNEP）正式提出了清洁生产的概念。1992 年，联合国环境与发展大会通过的《21 世纪议程》，更明确地指出，工业企业实现可持续发展战略的具体途径是实施清洁生产。

　　联合国环境规划署对清洁生产的定义是："清洁生产是一种新的创造性思想，该思想将整体预防的环境战略持续应用于生产过程、产品和服务中，以增加生态效率和减少对人类及环境的风险。对生产过程，要求节约原材料和能源，淘汰有毒原材料，减降所有废弃物的数量和毒性；对产品，要求减少从原材料提炼到产品最终处置的全生命周期的不利影响；对服务，要求将环境因素纳入设计和所提供的服务中。"这一思想是人类针对日益严重的环境问题，特别是工业污染末端治理的弊端而提出的以预防为主的一种战略思想和技术手段，在工业领域特别是污染企业中已经得到广泛的应用，并取得了显著的成效。

清洁生产的理念提出后，主要在工业生产上应用。随着现代农业的发展，农业生产的机械化、化学化水平提高，农业面源污染问题也日益显现，农业生产发展与环境保护的矛盾也日趋激烈，因此，许多学者开始提出，在农业生产中也应实施清洁生产技术。农业作为采用清洁技术的四个优先产业（其他三个是制造业、能源业和运输业）领域之一，早在1995年经济合作与发展组织题为"清洁生产及产品科技：面向可持续发展的科技转移"的报告中就被提出，只不过由于工业以外的产业领域所带来的环境污染并不如工业污染那样突出而未引起各国政府同等的重视，最终导致当今严峻的农业污染危及世界各国社会经济的可持续发展。农业清洁生产的推行借此演变为世界各国的自觉行动，并正在成为引领未来农业发展的方向。

农业清洁生产就是指将整体预防的环境战略持续应用于农业生产过程、产品设计和服务中，要求生产和使用对环境温和的绿色农用品（如绿色肥料、农药、地膜等），改善农业生产技术、减少和降低农业污染物的数量和毒性，以减少农业生产和服务过程对环境和人类的危害风险。

水稻清洁生产技术，是现代农业生产中运用的一种全新创造性思维方式，它将农业清洁生产的理念应用到水稻生产周期的全过程，是从源头消减污染，提高肥料、农药、水资源利用率，最终实现节能、增效和减少污染物的排放，同时也是保证水稻优质、安全的一种实用性生产方法[1]。水稻清洁生产的目的，就是采用清洁的生产程序、技术和管理，力求尽量少用（或不用）化学投入品，以确保稻米具有丰富的营养价值与洁净安全。水稻清洁生产的实质是绿色与高效，其具体要求体现在产地洁净、农资绿色、循环利用、产品优质、增产增收等多个方面。具体而言，就是在清洁生产全过程，通过合理使用对环境友好的"绿色"农用化学品（化肥、农药、地膜等），改善并提升农产品的安全性，同时避免或者减少对农业生态环境的污染。

二、水稻清洁生产的过程控制与环节

水稻清洁生产贯穿两个全过程控制，一是水稻生产的全过程控制，即从产地选择、整地、播种、育秧、移栽、大田种植、收获的全过程，采取必要的措施，预防污染的发生；二是水稻的生命周期全过程控制，即从种子、幼苗、分蘖、齐穗、成熟等生长过程和加工与食用各环节采取必要措施，实现污染预防和控制。

水稻清洁生产主要包括三个环节。一是清洁的投入，指清洁的原料、农用设备和能源的投入，特别是清洁的原料（如种子、绿色肥料、农药、地膜、肥料增效剂、灌溉用水等），在选择品种方面，考虑到水稻清洁生产要求化肥、农药用量减少，米质要求较高等特点，要求选用优质丰产、生态适应性强，对病虫害（特别是对稻瘟病）、气象灾害抗（耐）性强，肥、水、光、热等农业资源利用转化效率高的品种。在肥料投入方面，主要包括增施有机肥和生物肥替代部分化肥，使用缓（控）释肥、肥料增效剂等提高肥料利用率，保障在化肥减量施用情况下仍能满足水稻丰产对养分的需求。农药应选择天然生物农药和低毒、低残留的药剂。二是清洁的产出，主要指清洁的稻米，在食用和加工过程中不致危害人体健康和生态环境，主要包括包装、运输和贮存及秸秆处理。在稻谷产后处理时，稻米包装应牢固、不泄漏物料，包装材料必须清洁、卫生、干燥、无毒、无异味，并符合食品卫生要求和环保要求；稻米运输工具、车辆必须清洁、卫生、干燥，无其他污染物。运输中必须遮盖、防雨防晒，严禁与有毒、有害和有异味的物品混运；稻米应贮存在清洁、干燥、通风、无鼠虫害的仓库，不得露天堆放，不得与有害、腐败变质、有不良气味或潮湿的物品同仓库存放。三是清洁的生产过程，采用清洁的生产程序、技术与管理，尽量少用或不用化学农用品，确保农产品具有科学的营养价值及无毒、无害等。清洁的生产过程主要通过采用水稻清洁生产技术来实现全过程控制，包括适生性品种替代技术、化肥污染控制技术、农药污染控制技术、水稻健身栽培技术、土壤质量提升技术、灌溉与水体净化技术等[2]。

三、发展农业清洁生产的意义

（一）农业发展的需要

当前我国农业环境污染问题日益严重，严重影响了农业生产可持续性发展。农业生产资料的不合理使用，其中化肥、农药、农膜污染对农业的可持续性发展影响最为严重。化肥滥施呈现出"过量施用化肥→流失污染环境→土壤结构恶化、地力下降→追加化肥施用量"的恶性循环[3]。滥施农药不仅带来环境污染，对农产品质量和人体健康带来的危害更是无法估量。残留的地膜降低了土壤的渗透能力，影响水稻根系生长和水分、养分吸收。大量农用化学品的投入，造成了耕地板结、土壤酸化、生态环境的平衡性受到影响，稻米品质降低，严重妨碍了农业生态系统的可持续性发展。因此，在高利用强度的集约化农业生产中，迫切需要改变农业发展方式，保持好农业生产的生态环境，实现农业的可持续发展。

（二）农业环境治理的需要

1. 农药化肥的滥用导致环境污染

2008 年我国化肥施用量折纯高达 5 867 多万 t，占世界总用量的 1/3。在农业生产过程中，由于化肥的过量、不均衡使用，一方面降低了农产品质量，增加了农产品出口的难度，另一方面严重破坏了农业生态环境。我国农田生态系统中，仅氮肥的淋洗和径流损失量每年约 200 万 t，大量流失的化肥对环境造成了严重污染，主要污染水环境、大气环境和土壤。不合理地使用农药，一方面会造成资源浪费、生态破坏和环境污染，另一方面会造成农产品中农药残留等有害成分超标，种植者生产经济效益下降，危害人、畜健康和生命安全[4]。

2. 农膜残留导致土壤污染

近年来，地膜覆盖栽培技术的应用使农作物产量大幅度提高。截至 1992 年，全国粮食、棉花、蔬菜、瓜果、糖类等因地膜的使用而增产。全国地膜的覆盖面积从 1981 年的 $1.4\times10^4 hm^2$ 发展到 1995 年的 $649.3\times10^4 hm^2$。农膜的大量施用，导致土壤中残留农膜不断增加，而土壤中地膜平均残留量约为 $60kg \cdot hm^{-2}$，平均残留率为 20% 左右。残留地膜给农业生产和生态环境造成了严重的不良影响，如降低了土壤的渗透性能，减少了土壤的含水量，削弱了耕地的抗旱能力；阻碍了农作物根系的发育，影响其生长；残留地膜达到一定数量时就会造成作物减产。

3. 秸秆燃烧导致空气污染

农村地区每年夏、秋两季双抢时节，大量的秸秆堆放在田间路旁，得不到及时妥善处理。据调查，约 70% 的小麦秸秆被就地焚烧处理，直接还田及用作工业原料和能源燃料等被真正利用的不足 20%。在田间焚烧秸秆既造成大气污染，又降低了土壤的肥力，而抛弃在田间地头的秸秆腐烂后也造成了一定的环境污染。

4. 畜牧业规模化养殖引发环境污染

规模化养殖的发展产生了大量的畜禽粪尿，若得不到妥善处理，不仅会危害畜禽的生存环境，还会严重影响人类环境，如畜禽粪便的恶臭污染，畜禽粪便及养殖污水污染水质，饲料添加剂中重金属元素的污染，畜禽产品中抗菌素及药物残留污染，死畜污染及粉尘、垫料、饲料残渣及鳞片物污染等。

工业对农业环境的污染早已引起了人们的注意，经过不断努力，其恶化势头已得到相对控制，但随着农业的发展，特别是规模化养殖和化学投入品的大量使用，导致农业面源污染不断加剧，而农业面源污染发生范围广、持续时间长、隐蔽性强、治理难度大，而且工业污染常用的末端治理技术又不适用于农业面源污染的治理，因此，迫切需要有新的替代农业生产方式，以减少农业面源污染对环境的影响。

（三）农业增效农民增收的需要

随着我国经济的发展，人们对食物品质乃至整个生活和环境质量的需求不断提高，绿色与无公害食品已成为人们追求的重要目标。当今人民群众对农产品的要求不仅是满足于营养化与多样化，而且更加关注农产品（食品）的质量安全，因此，开展农业清洁生产，提高农产品质量的安全标准，是保证农业增效、农民增收的重要途径。清洁生产是现代生产过程中的一种新的生产方式。它意味着通过对生产过程、产品服务及环境战略的调控，以增加生态效率并降低人类和环境的风险。农业清洁生产是通过从"农田到餐桌"对农业生产全过程的控制，避免或减少了污染，同时生产出卫生合格的食品，以达到环境健康和食品安全的目的。

（四）国际竞争的需要

从目前国际贸易和市场发展来看，食品品质和安全特性是市场准入的关键一环。中国稻米品质相对差，只能出口到非洲等贫穷国家，价格低，发达国家对稻米的品质和安全性要求高，我国的大米难以进入发达国家的市场。同时，我国的高消费群体也不愿购国产大米，因此我国不得不从国外进口一些优质米来满足市场需要[5]。此外，安全性也严重制约了我国农产品在国际市场的竞争力，受农产品生长环境污染、化肥农药等残留问题日趋严重，农产品中重金属铅、汞、镉等，农药中的有机磷农药、拟除虫菊酯类及有机氯农药（六六六、滴滴涕）等残留较高。在世界上尤其是发达国家中，消费者越来越关心食品的卫生和安全，更追求食品的无污染和对人体的健康有益，因而通过环保方式生产出来的绿色农产品和绿色食品受到人们的广泛欢迎。但我国的绿色农产品的开发较晚，发展水平也较低，在我国的大多数地区，农产品生产还处于过分追求数量的粗放型经营状态，农产品的质量不高，受环境污染的影响严重，严重影响我国农产品的国际竞争力。因此，按国家市场准入无公害强制标准（并追踪国际标准和技术规范）生产清洁农产品，是提高农产品国内外市场竞争力的有效措施。

第二节　农业清洁生产体系建设

目前，农业清洁生产基本上仍处于发展创新阶段，农业清洁生产从理论到实践还没有突破绿色农业范畴。绿色农业由于缺乏污染预防理念，无法实现农业清洁生产的多赢目标。国内农业清洁生产的实证研究，迫切需要建立将农业生产、管理、评价有机结合的农业清洁生产体系，以全面协调农业发展与资源环境的矛盾，并使农业清洁生产成为农业污染减排的重要途径。农业清洁生产体系包括农业生产技术体系、评价体系、经营管理体系和法律制度体系。

一、农业生产技术体系

农业清洁生产技术体系是以保障农产品生产安全、增加农民收入、保护生态环境为根本目标，以生态农业技术为基础，在农业生产全过程，通过产地环境保护修复、清洁农业投入品的替代技术研究开发，综合应用节水、节肥、节药、节地等可持续农业技术，配套实施耕作制度的改革、施肥施药方法的革新、农业灌溉的新手段，建立可持续发展的农业科技支持系统，实现农业生产清洁化、标准化。

农业清洁生产技术体系由一系列技术规范体系组成，主要包括6个子技术体系，即标准化生产技术体系、农产品质量安全监测技术体系、农业投入品替代及农业资源高效利用技术体系、产地环境修复和地力恢复技术、农业废弃物资源化及其清洁化生产链接技术和农业信息化技术体系[6]。

（一）农业标准化生产技术体系

农业标准化是促进科技成果转化为生产力的有效途径，是提升农产品质量安全水平、增强农产品市场竞争能力、调节农产品进出口的重要保证，是提高经济效益、增加农民收入和实现农业现代化的基本前提。农业标准化以农业科学技术和实践经验为基础，运用简化、统一、协调、优选原理，把科研成果和先进技术转化为标准，在农业生产和管理中加以实施应用。对农业生产从农田环境、投入品、生产过程到产品进行全过程控制，从技术和管理两个层面提高农业产业的素质和水平，实现经济效益、社会效益和生态效益的统一。

农业标准化生产技术体系建设，包括品质标准、产地环境、生产技术规范和产品质量安全标准等。农业生产技术标准化操作规程，要重点研究与农业国家标准和行业标准相配套的农产品安全生产技术规程，组建一套"从农田到餐桌"全过程质量控制的技术标准体系，提供产地环境、灌溉、施肥、用药、制种、储运、加工等环节的标准化技术，使农产品产前、产中、产后各类标准相配套。大力推进农产品基地的生产技术标准的建设，要加快制定粮食、蔬菜、畜产品、水果、水产品、茶叶等大类农产品产地环境、生产技术规范和产品质量安全标准的制定并完善配套，包括安全农产品生产的基地选择、品种选择、施肥灌溉、病虫害防治及采收的通用技术。此外，要加强农业标准化示范区应用、转基因农产品安全评价标准、农业资源保护与利用标准、农产品质量安全的风险评估研究，为标准制定和行政执法提供依据。

（二）农产品质量安全监测技术体系

农产品质量安全检测技术体系是保障农产品质量安全的重要组成部分，是实现农产品从产地环境、农业投入品、农业安全生产规程到农产品市场准入等"从农田到餐桌"的全程质量管理的重要技术保障，是有效防止有害有毒物质残留超标农产品进入市场，防止发生食用农产品急性中毒，提高农产品市场竞争力的有效措施。

农产品质量安全检测体系包括水、土、气等产地环境，种子、农药、肥料、动植物生长调节剂、兽药、饲料及其添加剂等农业投入品和农畜产品等，是依照国家法律法规和有关标准，对农产品质量安全实施检验检测的重要技术执法体系，担负着对农产品质量安全评价、保障农业依法行政、规范农产品市场准入、保障农产品食品安全的重要职责。满足对产地环境、生产投入品、生产及加工过程、流通全过程实施安全检测的需要，重点要研究农产品安全监控中急需的有关限量标准中对应的农药、兽药、重要有机污染物、食品添加剂、饲料添加剂与违禁化学品、生物毒素、重要人兽共患疾病原体和植物病原的快速检测技术和相关设备。特别要研究开发快速、简便、实用、高效的农产品检测检验设备和技术；研究农产品农药残留、兽药残留以及各类有毒有害物质的检测分析方法；研究土壤农药残留、重金属污染等监测技术，特色分级及检验监测技术，种子、种苗、种畜质量检验、监测技术，转基因食品的检测技术。力争使我国农产品质量检测技术和设备在短时间内达到国际先进水平。

（三）农业投入品替代及农业资源高效利用技术体系

农业投入品是造成农业环境和农产品安全最直接的危害，要加快目前农业投入品的更新替代，依据国际农产品安全生产技术——肥料生物化、有机复合化与缓效化、生物农药工程化与产业化、饲料环保化、添加剂生物化、产品健康化的发展趋势，重点要加强生物菌肥、新型高效专用复合肥、叶面肥，生物农药、植物源农药、高效低毒低残留农药、兽药与兽用生物制品、兽用消毒剂、微生态和酶制剂类饲料添加剂等高效新型农业投入品的研究开发。根据不同的畜禽和饲料转化特点，研究氮、磷等低排泄的环保型配合饲料。研究开发新型环保覆盖材料如液体地膜、渗水地膜、可降解地膜等。要加大对农业投入品安全性评价，围绕新型种业体系建设，组织突破性高抗及多抗优质品种的引进和选育。

在农业资源利用方面，以节水、节肥、节药为重点，研究适用于大田、温室大棚和园林生产的低成本、智能型节水灌溉关键技术及设备，多功能、实用型中小型抗旱节水机具，高效环保节水生化制剂（保水剂、抗旱剂、植物蒸腾抑制剂、抗旱种衣剂等），提高农灌水的循环利用技术。研究不同作物及土壤肥力下的施肥推荐用量，推广化肥减量控污技术。加强病虫草害的预测预报，开展主要作物的主要病虫草害防治指标研究，降低农药使用量和用药次数，加强高效新型施药器械的更新换代。研究低容量施药、烟尘施药、静电喷雾技术，超低量高效药械等先进技术的示范，不断改进施药手段，提高防治效果和农药利用率。

（四）产地环境修复和地力恢复技术

工业"三废"和生活污水的不合理排放，致使农业灌溉用水质量下降，农田有毒物质和重金属含量增高，从而严重影响农作物质量安全，对农业生产构成威胁。为了从源头控制农产品污染，要逐步建立农产品产地包括养殖场、养殖水面环境监测与评价制度。建立土壤分区、分类的评价方法，要结合无公害农产品产地认定等对农产品产地环境进行统一评价，划定无公害农产品、绿色食品、有机农产品适宜生产区和限制生产区。在建立农产品产地环境背景值普查和定点监测的基础上，加强研究土壤障碍因子诊断和矫治技术，污染土壤的植物修复、生物修复、化学修复、物理修复技术以及污染土壤修复标准。

耕地地力的恢复要以培育肥沃、健康土壤，提供优质、高效肥料，营造安全、洁净环境为核心，以建设高质量标准农田为重点，全面提升耕地质量，提高耕地综合生产力。根据耕地资源的不同性状、主要障碍类型、生态环境条件、改良利用途径等特点，将耕地分为耕地质量稳定巩固区、新垦复垦土壤培肥区、设施农业土壤障碍治理区、土壤污染防治修复区4种区域类型。加强土肥新技术、新产品的试验和示范。因地制宜推广多种秸秆还田实用技术和商品有机肥，示范、推广果肥结合和粮肥结合等生态种植模式，增加耕地有机肥投入，实现有限土壤资源的永续利用。采取综合配套措施，调节土壤水、肥、气、热，综合治理、改造中低产田。通过合理调整种植结构、优化用肥结构等综合措施，控制和治理酸化、盐化等土壤障碍，提高土壤的适种性和安全性。

（五）农业废弃物资源化及其清洁化生产链接技术

农业废弃物包括农业秸秆、畜禽粪便、废弃地膜以及农产品加工废弃物等。根据减量化、无害化、资源化的原则，围绕主导产业废弃物资源化的关键技术研究和适用技术的集成开发，建立农业废弃物资源化利用的先进实用技术。

以循环经济理念探索农业清洁生产模式，加强农业产业循环链整合思路、途径与模式的研究。通过接口技术，将系统内各部分产生的废弃物衔接成良性循环的整体，加快系统的物质循环和能量的多级传递。对常规的以资源环境为代价的主导产业加以生态改造，实现"整体、协调、循环、再生"模式。对于畜禽养殖中的污染，主要采取农牧、林牧、渔收结合的畜禽清洁化养殖模式。

（六）农业信息技术

农业与其他行业相比，涉及的因素非常复杂，且时空差异和变异性大，病虫灾害频繁，生产稳定性和可控程度差，农业自身的这些特点，决定了它对信息技术的依赖性。农业信息技术，主要包括农业信息网络、农业专家系统、农业遥感技术等。

农业信息技术贯穿于农业生产、经营及管理的全过程，是现代农业的重要支撑和标志。农业清洁生产信息技术体系主要包括以下三大方面：一是农业资源环境信息的搜集、整理、建库和网络体系建立，对农业资源，如土地、品种、化肥、农药的管理和利用。二是农业信息应用软件的研究开发，如农业专家决策支持系统，开发用于农作物育种栽培、施肥和灌溉、病虫害防治、田间管理和管理经营等专家系统，建立以主要畜禽、水产为对象的生产全程管理系统和实用技术系统；利用地理信息系统软件，分析并建立土壤肥力、水土流失、环境污染、病虫害动态、生态和生物系统等模型。三是研究符合中国国情的精准农业技术，即"3S"在农业上的应用技术。基于全球卫星定位系统和利用计算机控制定位，精确定量，从而极大地提高种子、化肥、农药等农业资源的利用率，提高农业产量，减少环境污染。

二、评价体系

清洁生产评价也即清洁生产潜力评估，主要是通过对原材料选用、生产及产品的流通全过程的追踪调查，评价企业各个阶段及总过程的清洁生产水平，并根据其情况，确定清洁生产措施和管理制度，挖掘清洁生产潜力，降低考核主体的环境风险，进而达到节能、降耗、减排、增效的目的过程。清洁生产评价体系的建立包括两个步骤：第一步是评价指标的选取和建立，第二步是评估方法的选取。第一步是评价体系的基础，第二步关系到评价体系的准确性[7]。

（一）农业清洁生产评价指标体系的建立

农业清洁生产评价体系是由一系列相互联系、相互独立、相互补充的指标所构成的有机整体，能够客观评价农业清洁生产水平，并且能为农业清洁生产潜力挖掘提供依据的农业环境因素，例如原材料、能源的环境指标、经济技术指标、管理指标等。目前虽然有少数学者对于农业清洁生产评价的体系指标进行了研究，但尚未产生一种完善的评价体系，难以进行推广实施。

评价指标体系的建立需要掌握以下几个原则：①实用性：农业清洁生产评价指标的选取要在充分了解农业的基础上进行，并结合农业生产的实际情况，尽可能选取农业生产过程中易于采集，能够反映农业实际状况的指标。②定量性：对于农业清洁生产评估来说，越是量化的指标越容易反映其真实水平，因此选取指标时要尽量选取那些易于量化的农业指标，对于那些难以量化的指标，也尽量要通过打分的形式尽量转换为量化指标。③整体性、层次性和系统性：农业清洁生产评价体系要求能全面地、整体地反映行业的农业清洁生产真实水平，因此要求具有整体性，农业清洁生产评价是一个复杂的过程，要分层次对体系指标进行分析，能反映农业清洁生产各个组成部分的水平，要具有层次性，农业清洁生产评价指标体系是一个系统，因此在制定时，要全面了解整体排序，系统分析。④关键性：选取农业清洁生产评价指标应按照轻重缓急、主从先后的原则，明确各个指标的重要性。

清洁生产评价指标体系的建立通常是先把审核主体分为目标层和准则层，然后按照指标体系建立原则继续往细往小分配，建立各个一级指标小系统，然后把这些小系统综合起来，建立评价指标体系。目前，我国现行清洁生产评级体系建立方法有两种：一种是根据清洁生产审核的8个方面来制定的，指标主要包括资源能源利用、环境管理、生产工艺、废物回收利用、污染物产生、产品等；另一种是以产品的生命周期为主线，指标有原材料指标、产品指标、污染物产生及资源指标，其中前两项为定性指标，后两项为定量指标。

（二）清洁生产评价体系建立的常用方法

清洁生产评价体系具有模糊性、多属性、随机性及多层次性等特征。目前，常使用的建立方法主要有以下方法：百分制法、灰色关联度法、单指标评价方法、人工神经网络、层次分析法、贝叶斯网络法和模糊评价法等。有研究认为，利用层次分析法的逻辑性、系统性、实用性强的特点确定指标的权重，再结合模糊数学法使用方便、系统性强、结果清晰的特点建立农业清洁生产评价体系模型，两者结合后具有模型简单、对多因素复杂问题评判效果好、有利于企业提高各项指标的水平、提高清洁生产积极性等优点。

三、管理体系

农业清洁生产管理体系包括宣传教育体系、行政管理体系、法制监督体系、科技服务体系[8]。

（一）宣传教育体系

农业清洁生产是对传统农业生产方式的一场新的技术革命，许多新的思想和观念必须通过宣传教育的形式传播到广大干部和群众中去，使农民群众自觉接受农业清洁生产的思想。为做好此项工作，需政府专门拨出经费组织开展各种形式的宣传活动，利用报刊、杂志、广播、电视等传播媒介，宣传报道农业清洁生产工程的成绩和实用的农业清洁生产技术。中央和地方各级政府还要组织召开各种农业清洁生产建设经验交流会，组织群众实地参观考察，举办不同层次不同类型的农业清洁生产技术培训班，并在一些大学开展农业清洁生产的有关课程。这些措施对推动农业清洁生产的研究和推广工作将起到积极的作用。

（二）行政管理体系

农业清洁生产包括了种植业、加工业、农业经济等各个方面，涉及环保、农业、林业、农业经济、工业、卫生、水利等部门，并且需要全社会的支持和帮助。因此需要加强部门间的协作与管理，才能调动各方面的积极性，使农业清洁生产工程工作得到顺利开展。各地环保部门和农业部门在开展农业清洁生产工程中，要充分发挥牵头的职能作用，组织协调各有关单位因地制宜地做好农业清洁生产的全面规划、实施、推广工作。在市场经济体制下，农业清洁生产技术的应用和推广不仅需要人们的自我约束，更重要的是政府的管理行为，通过法律手段、经济手段和行政手段来实现。

（三）法律监督体系

加强法规建设是农业清洁生产规划实施的可靠保证。一项技术的实施侧重于监督管理，像农业清洁生产这样一种多层面、多方位的体系更是不能例外，现有的关于农业清洁生产的法律、法规尚不完善，在这些管理领域还需要重点研究国家重大经济、社会发展计划、规划对农业生态环境的影响，研究农业环境保护重大规划、大区域生态环境评价方法和管理方法。

（四）科技服务体系

健全科技服务体系是农业清洁生产深入开展的重要措施。农业清洁生产是知识密集型的农业工程，除了加强科技投入和管理外，还需要建立比较健全的科技服务网络和社会服务体系。一是组织社会力量开展综合服务，充分发挥社会各部门的作用；二是组织农业科技力量开展技术服务，如县、乡、村三级农业技术推广的科技人员实行承包责任制等。在农业清洁生产中建设农业环境监测及检测培训、信息中心等农业环境保护基础设施是该管理体系的重要内容。加强农业环境监测，及时掌握农业清洁生产工程体系的环境质量动态，运用监测的数据，为其提供科学的依据。农业部门从上到下必须建立强有力的专职环境保护行政管理系统和健全的环境监测网以及专门的检测培训、信息中心。只有准确地认识和掌握农业环境质量状况、造成污染的范围、程度、危害、污染途径、污染源及控制污染对策等，才能使农业清洁生产得以正确实施。

（五）经济促控体系

一项政策的实施是一个复杂的过程，要解决如何管理、监督、控制、调整等一系列问题。农业清洁生产的实施不但要采用宣传教育、行政、法律、科技的手段，还应辅以经济的手段加以调控和提高。在社会主义市场经济条件下，通过市场经济竞争，优胜劣汰，促进技术进步；通过市场规律，优化资源配置。对于做得好的行政、企事业单位给予奖励，利用奖罚措施鼓励各单位和个人为农业清洁生产的顺利实施做贡献。

四、法律制度体系

（一）国家立法

我国农业清洁生产没有专门立法，也没在农业法律制度建设中提及，只在我国整个法律体系中，从宪法、环境法律到行政法规、部门规章，对农业清洁生产有所涉及。

我国的法律涉及农业清洁生产的规定，主要是规定农业生产中化肥、农药等化学投入品的合理使用及生产过程中产生废弃物的回收或综合利用。我国已出台了涉及农业清洁生产法律法规及规章，1989 年颁布实施的《中华人民共和国环境保护法》第 20 条对农业环境保护作了相应规定，要求各级人民政府应当加强对农业环境的保护，合理使用化肥、农药及植物生长激素。1993 年通过的《中华人民共和国农业技术推广法》第 4 条，要求农业技术推广应当讲求农业生产的经济效益、社会效益和生态效益。2000 年修订的《中华人民共和国大气污染防治法》第 41 条、第 57 条对农作物秸秆焚烧作了禁止性规定。2002 颁布的《中华人民共和国环境影响评价法》第 8 条，要求在编制农林牧专项规划时应组织进行环境影响评价，预防规划实施后给环境带来不良影响。同年修订的《中华人民共和国农业法》第八章"农业资源与农业环境保护"，对农业投入品的合理使用、农作物秸秆和畜禽粪便、农业转基因生物的安全管理做了相应要求。2000 年农业部发布的《肥料登记管理办法》第 4 条规定，国家鼓励研制、生产和使用安全、高效、经济的肥料产品；第 13 条规定对不符合国家有关安全、卫生、环保等国家或行业标准要求的肥料产品，登记申请不予受理。2001 年修订的《农药管理条例》第 27 条规定，使用农药应当遵守国家有关农药安全、合理使用的规定，按照规定的用药量、用药次数、用药方法和安全间隔期施药，防止污染农副产品。剧毒、高毒农药不得用于防治卫生害虫，不得用于蔬菜、瓜果、茶叶和中草药材；同时第 38 条规定禁止销售农药残留量超标的农副产品。《农药管理条例实施办法》和《农药限制使用管理规定》对该条例的具体实施做了更加细致的规定。为了加强国家在农业转基因生物安全方面的管理，国务院于 2001 年颁布施行《农业转基因生物安全管理条例》，农业部制定《农业转基因生物安全评价管理办法》《农业转基因生物标识管理办法》《农业转基因生物进口安全管理办法》，以达到保障人类健康和动植物、微生物安全，保护生态环境的目的。同年，国家质检总局为了对无公害蔬菜、水果、畜禽肉产品、水产品生产进行规范，专门对农产品生产及其产地制定了环境要求。同年，国家环保总局制定了防止畜禽养殖过程中对环境造成污染的《畜禽养殖污染防治管理办法》。2002年农业部和国家质检总局联合发布《无公害农产品管理办法》，将加强对无公害农产品的管理，提高农产品质量，保护农业生态环境，促进农业可持续发展作为制定目的，并专门对农产品质量建设提出了明确要求。此外，国务院于1992年修订的《植物检疫条例》、1994年发布的《种畜禽管理条例》、1996年制定的《野生植物保护条例》等条例都与农业清洁生产有关。

2003年1月1日起，《中华人民共和国清洁生产促进法》正式施行，预示着我国推行清洁生产的步伐将大大加快，标志着我国从此进入依法全面推行清洁生产的新阶段。该法第11条规定环境保护、农业、建设等有关行政主管部门组织编制有关行业或者地区的清洁生产指南和技术手册，指导实施清洁生产。第22条规定农业生产者应当科学地使用化肥、农药、农用薄膜和饲料添加剂，改进种植和养殖技术，实现农产品的优质、无害和农业生产废物的资源化，防止农业环境污染。禁止将有毒、有害废物用作肥料或用于造田。该法对农业清洁生产的要求和基本规定不仅确立了农业清洁生产的法律地位，而且为中国农业清洁生产的发展、实践与研究起到积极的指引和推动作用，同时也为我们今后农业清洁生产立法预设了一定的法律空间。2004年修订的《中华人民共和国固体废物污染环境防治法》第3条规定，国家对固体废物污染环境的防治，实行减少固体废物的产生量和危害性、充分合理利用固体废物和无害化处置固体废物的原则，促进清洁生产和循环经济发展。

2008年修订的《中华人民共和国水污染防治法》第48条规定县级以上地方人民政府农业主管部门和其他有关部门，应当采取措施，指导农业生产者科学、合理地施用化肥和农药，控制化肥和农药的过量使用，防止造成水污染。

（二）地方立法

地方立法主要有两种方式：一是在国家立法的框架内予以地方化，即在地方综合性环境保护法中做出有关资源综合利用、节约资源、减少废弃物清洁生产的规定。二是制定国家单项法的实施条例，进一步细化相关规定[9]。

2002 年福建省颁布《福建省农业生态环境保护条例》，该条例对农药、化肥、薄膜合理使用、农作物秸秆、畜禽粪便等农业废弃物的综合利用均有所涉及，还涉及农产品质量建设，农业转基因生物安全的监督管理，防范农业转基因生物对人类和生态环境构成的危险或者潜在风险。此外，第 19 条还规定农村生产、生活垃圾应当定点堆放。地方各级人民政府应当鼓励利用生物和工程技术对农村生产、生活垃圾进行无害化、减量化和资源化处理。

北京市于 2006 年发布《北京市"十一五"时期循环经济发展规划》，其主要任务之一是全面推行清洁生产，农业领域的重点是提高种植和养殖技术，实现农产品的清洁化和农业生产废物的资源化。北京市也在推进农村清洁生产方面做了一些有益的尝试，如在适宜地区大力发展以沼气利用为纽带的循环农业模式，取得了显著成效。2009 年北京市发改委又评选出 24 家单位作为第一批循环经济试点单位，首批名单包括 1 个循环农业园区和 3 家农产品加工龙头企业。

浙江省委在 2007 年提交《关于推行农业清洁生产的几点建议》的提案，该提案已经被浙江省农业厅列为重点提案，浙江省将逐步建立农业清洁生产的产业体系、健全农业清洁生产的投入体系、完善农业清洁生产的技术体系、构建农业清洁生产的政策体系并建立以"三网三制"为主要内容的农资监管长效机制。现已形成了动物疫情监测、动物防疫监督信息网络等体系，建立了相应的规章制度，使畜产品安全水平有了明显提高。

江苏省 1998 年发布《江苏省农业生态环境保护条例》，提出"农业清洁生产"概念，涉及农药、薄膜合理使用、化肥、稻秸燃烧、农产品质量等方面，要求开发、利用可再生资源，研究、推广废弃物的综合利用技术；2002 年通过《关于在畜禽生产中禁止使用违禁药物的决定》，处罚规则明确，可操作性增强，禁止使用高毒、高残留农药，禁止销售违禁药物。

在地方立法上，截至目前，我国已有多个省（直辖市、自治区）制（修）订了《农业生态环境保护条例》，甘肃省出台了《甘肃省废旧农膜回收利用条例》，湖南省发布了《湖南省外来物种管理条例》，重庆市正在研制《重庆市农业环境保护条例》，已经取得显著进展。多个省（自治区、直辖市）、省会城市出台了《农产品质量安全管理办法（或条例）》，上述地方法规或规章，都有对农业清洁生产的规定和要求。

第三节　国内外农业清洁生产的现状

一、国外农业清洁生产现状

农业清洁生产经过 20 多年的发展，已为各国政府和企业所普遍认可。美国、加拿大、德国、法国、荷兰、丹麦、日本、韩国、泰国等国家纷纷出台有关清洁生产的法规和行动计划，实施了一大批清洁生产示范项目，建立了全球、区域、国家、地区多层次的组织与交流网络。联合国环境规划署自 1990 年起每两年召开一次清洁生产国际高级研讨会，在 1998 年第五次会议上推出了《国际清洁生产宣言》。直到 20 世纪 90 年代末期，一部分企业接受了清洁生产的理念并在技术和信息支持下开展了一些活动。在 2002 年第七次清洁生产国际高级研讨会上，联合国环境规划署建议各国进一步加强政府的政策制定，使清洁生产成为主流，尤其是提高国家清洁生产中心在政策、技术、管理以及网络等方面的能力。在推行清洁生产的过程中，世界各国都面临着不同的困难和阻力，并普遍呼唤促进清洁生产的新模式，各国也从各自的实际出发，采取了相应的措施和行动，许多发达国家正在开展推动清洁生产的基础工作。例如，德国于 1996 年颁布了《循环经济和废物管理法》，日本为适应其经济软着陆时期的发展需求，相继颁布了《促进建立循环社会基本法》《提高资源有效利用法（修订）》等一系列法律来建立循环社会，美国和加拿大也建立了污染预防方面的法律制度，大力推进污染预防工作[10]。

（一）美国重视过程清洁和标准化操作

1972 年，美国国会对《联邦水污染控制法》进行修订，首次明确提出控制非点源污染，倡导以土地利用方式合理化为基础"最佳管理规范"（Best Management Practices，BMPs），美国环境保护署（USEPA）将 BMPs 定义为"任何能够减少或者预防水资源污染的方法、措施或操作程序，包括工程、非工程措施的操作和维护程序"。BMPs 主要通过技术、规章和立法等手段有效地减少农业面源污染，其着重于污染源的管理而不是针对污染物的末端治理，注重过程清洁和标准化操作，来保障水质安全。

美国实现可持续农业的主要措施是改革现行的农业种植、养殖体系中不利于农地、水等资源保护的部分；采用病虫害综合防治方式，促进畜禽粪便等农家有机肥料及豆科植物等绿肥的利用；实施保护农地、水资源的保护性耕作方式，同时采用种植业和畜牧业相结合的复合经营模式。美国政府在明确了集约型持续单作经营方式及传统的农业耕作方式的弊端之后，有针对性地导入保护性耕作方法，即利用农作物秸秆、根茎叶等剩余物覆盖地表，或将秸秆粉碎后还田；在坡地上修建保持水土的水平梯田；尽可能地减少农地的耕翻次数，提倡免耕法。

（二）日本强调发挥生产者主体作用

日本从 20 世纪 70 年代开始进入经济快速发展时期，工业化带来了严重的环境污染，特别是由工业化学品带来的污染通过食物引起的人群中毒和疾病事件接连不断。因此，从 80 年代起日本开始以提高农产品自给率与环境保护并举为原则，制定了一系列的政策制度，尝试实践有机农业和探求农业清洁生产并取得了显著效果。

日本政府相继出台了许多有关农业清洁生产的法律、法规；成立了非政府性质的日本有机农业协会（JOAA），使消费和生产的关系发展成为消费者与生产者合作的关系，促进清洁生产的广泛宣传和发展；开展有机农业运动，发展绿色农业，开发低害农药，对受污染土地实施排土、添土、转换水源等治理污染改良活动；在生产中不采用通过基因工程获得的生物及其产物，不使用化学合成的农药、化肥、生长调节剂、饲料添加剂等物质，而遵循自然规律和生态学原理，协调种植业和养殖业的平衡；采用一系列可持续发展的农业技术，维持农业生产过程的持续稳定，选用抗性作物品种，利用秸秆还田、施用绿肥和动物粪便等措施培肥土壤，保持养分循环；采取物理和生物的措施防治病虫草害；采用合理的耕种措施保护环境，防止水土流失，保持生产体系及周围环境的基因多样性等。

日本政府相继建立减化肥、减污染为特征的环境友好型农业，降低对土壤肥力的破坏和影响；强调用农场内部的有机肥料、尊重自然规律；禁止使用化学合成品；严格限制食品添加剂的使用；推广废弃物循环利用技术，将农产品处理过的残余部分加以回收利用，包含牛粪堆肥制造、蔬菜处理残余部分发酵生产液态肥、堆肥，以及生产甲烷为生产生活提供能源；推行精准农业技术，减低 50% 施肥量及施药量，实施可追溯的品牌生产管理[11]。

（三）韩国重视宏观规划指导

韩国政府提出了培育"亲环境农业"计划，确立中长期政策蓝图和方向，同时作为履行《亲环境农业培育法》之义务，2000 年制订了《亲环境农业培育五年计划（2001—2005）》（以下简称"五年计划"），以农业与环境协调、可持续发展为理念，提出两大基本目标：第一，通过确立适宜于区域条件、农民经营规模、农作物特点的亲环境农业体系，提高农民收入，生产高质量安全农产品；第二，通过确立农产、畜产、林产相联系的自然循环农业体系，保护农业环境，增进农业的多元性公益职能。提出如下实现指标：在化学生产资料的施用方面，1999—2005 年，化肥、农药使用量分别减少 30%；在畜产粪尿的处理方面，对管制对象的处理设施设置率由 92% 提高到 100%，堆肥、液肥资源化率由 86% 提高到 90%；亲环境农产品的生产方面，总产量中获得专门机关质量认证的低农药标准以上农产品所占比重由 1% 提高到 5%，低农药标准以上的水稻栽培面积在水稻栽培总面积中所占比重由 0.8% 提高到 4.5%，蔬菜栽培面积由 0.9% 提高到 4.6%，果树由 1.4% 提高到 6%。5 年计划的投资比例构成，中央政府承担 67.2%、地方政府 5.2%、融资 16.2%、民间 11.4%。最终提前近一年完成了既定目标。

（四）欧盟采取技术清单激励补贴政策

欧盟从 20 世纪 80 年代末开始通过提倡"自愿性伙伴计划"，通过农业技术与支持政策相结合的方式推行良好农业生产规范（Good Farming Practices，GFP），并将其与直接补贴挂钩。2003 年，欧盟提出了单一农场补贴（Single Farm Payment），属于"绿厢"补贴范围，同时提出了强制性的交叉达标（Cross Compliance）理念和标准，即对农民的直接补贴不再与生产面积相挂钩，但是农民必须遵守环境保护、食品安全标准和动物健康标准的法律法规，同时还要保持土地质量符合相关农业种植和环境标准，若是农民没有达到相关要求标准，将视具体情况对补贴额度予以削减或者扣除。建立完善的环境管理制度，在农业领域里特别是在植物保护剂的使用以及农产品特殊商标和产地的标识等方面都制定了严格的法规；加强农业科研，促进农业可持续发展。为了保护水体质量和供水安全，欧盟于 2000 年 10 月颁布了水框架指令，提出了成员国要建立流域管理计划，以期达到一个良好的生态状况。除了执行欧盟法令外，欧盟各国围绕各自面临的农业面源污染问题有针对性制定规章，引导和鼓励农户开展更为细致的农业清洁生产技术实践。

欧盟国家为减少土壤的板结，提高土壤肥力，提倡作物的轮作或间作；减少氮磷化肥对环境的影响，限制动物饲养数量，要求与耕地面积有一定比例，规定动物有机肥贮藏时间、贮藏方法和使用方法；减少农药对环境的影响，选择对环境影响较小的农药品种，要求农药使用者必须经过培训等；采用生物防治方法，保护生物多样性；保持、延续一些有价值的传统土地类型，保护田埂缓冲区。

二、我国农业清洁生产现状

随着传统农业向现代农业的转变，中国坚持以控制农业面源污染，减少或消除不合理地使用农用化学品及畜牧业产生的废弃物，大力推广农业循环生产技术，维持促进农业生产与环境的协调统一。我国将农业清洁生产作为促进节能减排的重要手段，在农业清洁生产支撑理论、标准、生产体系研究与建设等方面的推行工作都取得了一定的进展。

在农业清洁生产支撑理论、标准、体系研究方面，借助农业可持续发展、农业生态学、农业经济学等理论开展了农业清洁生产支撑理论研究，认为农业清洁生产是一种高效益的生产方式，既能预防农业污染，又能降低农业生产成本，符合农业持续发展战略。提出需要建立农业生产与环境管理有机结合的农业清洁生产环境管理体系，根据农业清洁生产的内涵特征与环境标准设置相应指标。该环境管理体系是由不同的农业生产水平制订的农业清洁生产三级环境标准体系构成，即以各行业的可持续农业国际先进水平、农产品安全目标是有机食品标准为第一级环境标准；以国内现代生态农业先进水平、农产品安全目标是 A 级绿色食品标准为第二级环境标准；以满足各行业绿色农业基本要求，农产品安全目标是无公害食品为第三级环境标准。也有研究将农业清洁生产评价指标体系分为两个层次，其中农业生产指标、经济指标和管理指标构成指标体系第一层，而将有机复合肥使用率、秸秆综合利用率、农用化学品（农药、化肥、地膜）使用量、地膜回收处理率、节水技术使用率、万元 GDP 新鲜水耗与万元 GDP 综合能耗、财政收入增加程度与人均 GDP、实施农业清洁生产优惠政策、农业清洁生产知识与技能培训和信息网络建立分别作为其第二层次。不同的作者就农业清洁生产管理提出并构建了不同的指标与标准，体现了从多层面反映农业生产活动并指导农业清洁生产的客观要求。

在肥料的生产与施用方面，已开始加强研制和生产各种对环境温和的新剂型肥料（绿色肥料），如多元无机复合肥、作物专用复合肥、有机无机复合肥、控释肥料、微生物肥料等。对现有化肥品种施用技术的改进，推行配方施肥、测土施肥、诊断施肥等平衡配套施肥技术；试验和推广卫星地理定位施肥技术；同时施用硝化抑制剂、脲酶抑制剂；强调有机肥与化肥配合施用，且肥料的施用应与其他农业措施相结合，如修筑堤坝、科学种植、合理灌溉等。

在农药的生产、使用与病虫害物的综合防治方面，已就高效、高纯度、低毒、低残留、多样化作用机制和缓释的化合物及其剂型的化学农药开展研究。研发和推广对环境更温和的生物农药和非杀生性农药如昆虫生长调节剂、昆虫性引诱剂、害虫驱避剂等。在农药使用上加强了农药剂型、施药方法、施药机械、作物种类、耕作方式紧密结合的施药技术的研究和推广；开展作物的转基因抗虫策略、害虫的转基因遗传防治策略和天敌的转基因增效策略、利用自然天敌和加强栽培管理（混作、轮作、作物残渣清除等管理）等生态综合防治技术的运用与推广。

在地膜的生产与使用方面，正在积极研发对环境温和的可降解地膜，如生物可降解地膜、光可降解地膜和光、生物双降解地膜等；研究易于回收、能防止残膜污染的技术措施，即适期揭膜回收技术；并开展统一地膜分解产物的环境安全性评价、试验方法和标准的研究。

在作物秸秆残留资源化、畜禽清洁养殖方面，已开始试点示范，如秸秆还田技术、秸秆饲用技术、秸秆生物肥技术、秸秆生产食用菌、秸秆气化、秸秆燃料与能源利用技术、秸秆固化成型技术、秸秆碳化等清洁技术的试点示范遍及全国。畜禽粪便经过微生物快速发酵有机肥化、固型燃料化、沼气化等也已在规模养殖企业示范并逐渐向农户养殖小区示范推广。2014 年江苏省秸秆综合利用量突破 $3\,520\times10^4$ t，综合利用率达 88%，建成规模化秸秆综合利用及收储项目 129 个。2015 年正式启动生态循环农业示范建设，确定了一批生态循环农业示范县、循环农业示范基地和合作社为循环农业重点建设对象，强调要积极推行减量化生产和清洁生产技术，实现生产设施、过程和产品标准化，加强生态农业建设，使得全省秸秆综合利用率和畜禽粪便综合利用率分别达 91% 和 90% 以上。

总体上，中国的农业清洁生产基本上多处于一种思考和实践探索阶段，还没有建立独立的农业清洁生产法规和农业清洁生产的审核、审计程序与方法，更没有与农业产业相配套的农业清洁生产激励支持政策、农业清洁生产标准体系、技术体系、评价指标体系。因此，中国的农业清洁生产要从理论落实于实践中，特别是为农业污染减量与食品安全发挥重要作用，还有一段艰难的路程要走。

三、国内外农业清洁生产比较

从我国农业生产过程产生污染的成因分析，农业面源污染是农业发展特定阶段的突出问题，是多方面因素叠加造成的。国外认识和治理农业面源污染问题也经历了一个复杂的过程，先后通过化肥减施、肥料养分替代以及休耕等举措有所缓解。在多数发达国家，农业面源污染对水体的污染贡献量占有较大比例，甚至是排在首位。其根本原因是，农业生产必须满足人口增长和消费结构变化对粮食产量的刚性需求，在自然界不足以提供作物高产所需养分的条件下，必须人为追加化学肥料。而化学肥料的不合理施用导致过量养分流失，造成水体富营养化、地下水硝酸盐超标等。在我国，由于土地缺少休养、施肥方式落后、粮食增产压力大，带来了各种化学投入品持续增加、畜禽规模养殖快速发展，以及城市化进程中新增城市人口消费结构变化、农业清洁生产技术应用覆盖面不足等多重因素叠加，更导致了我国农业面源污染趋势加剧。

与发达国家相比，中国在循环农业、有机农业、绿色无公害农业和生态农业实践方面起步虽晚但发展迅速。到 2006 年年底，获得绿色食品认证的产品达 12 868 种（来自 4 615 个企业），而 2003 年年底仅有 4 030 种（来自 2 047 个企业）；截至 2007 年年底，有 24% 的中国可耕地用于种植获得无公害认证的农产品。与此同时，中国政府也制定、颁布并实施了一系列的规章、标准、试行办法，如《无公害农产品管理办法》《无公害农产品产地认定程序》《无公害农产品认证程序》《绿色食品标准》《有机产品认证管理办法》《有机产品认证实施规则》《有机食品的技术标准》《涉及包括蔬菜、水果、畜禽肉、水产品 4 类农产品"安全要求"和"产地环境要求"8 项国家标准》等。但从中国农业清洁生产的认识高度去推动这些实践仅是近几年的事情。因此，中国农业清洁生产的发展晚于工业清洁生产，这与国家对工业环保的重视和国际大背景紧密相关。不过，2002 年 6 月全国人大批准实施的《清洁生产促进法》对农业清洁生产的要求（即农业生产者应科学地使用化肥、农药、农用薄膜和饲料添加剂，改进种植和养殖技术，实现农产品的优质、无害和农业生产废物的资源化，防止农业环境污染），不仅确立了农业清洁生产的法律地位，而且为中国农业清洁生产的发展、实践与研究起到积极的指引和推动作用。

第四节　水稻清洁生产的主要问题与发展方向

一、主要问题

（一）水稻清洁生产的意识不强

目前环保部门、经济综合部门和农业主管部门往往过于强调农产品的产量，而忽视了农业环境问题，即使接受了农业清洁生产的概念，并意识到这是农业生产的一场革命，但由于环保意识不强，导致对推行农业清洁生产缺乏紧迫感和应有的压力，推行农业清洁生产的政策与措施不得力，使农业清洁生产的推行不到位。此外，一些地方和当地农户对农业清洁生产的认知程度不够，普遍缺乏主动实施清洁生产的意识，更无完整的稻米清洁生产概念，推行农业清洁生产的政策与措施力度不够大，未能将清洁生产全面展开，农业清洁生产的推行不到位，环保意识低，一般只了解和注重化肥、农药对农业增产的积极作用，而对其负面效应了解甚微，如过量使用化肥、农药产生的土壤结构破坏，土壤肥力降低，地表、地下水和农产品污染，人及动植物健康受到危害等，在农用化学品的使用过程中往往忽略了它们的危害。

（二）投入品利用效率低、污染严重

肥料和农药等投入品使用不合理引起的稻米污染、环境污染、水稻生产比较效益下降等问题日益突出。当前我国肥料生产与使用过程中，存在营养成分比例失调、化肥与有机肥比例不协调、化肥品种结构不合理、化肥当季利用率低等问题，引起了生态环境的严重污染和破坏，造成稻田土壤酸化、板结、养分供应不协调，水质污染和水体富营养化，稻米品质下降，施氮肥后氨的挥发、反硝化作用产生的氮氧化物引起环境污染等。此外，农药使用不当（包括药剂的选用不当、使用的施药器械不当、施用时间不适宜、用药量过大等）导致利用效率低，对环境污染大。我国农药产量居世界前列，但利用率仅达到发达国家的 60%~70%，我国施用的农药对农作物起保护作用的数量仅占使用量的 10%~30%，剩余的 70%~90% 小部分进入大气与水体，多数残留于土壤，残留农药仍可通过微生物、植物根系及土壤动物的活动而释放和迁移，从而污染土壤。

（三）产地环境污染加重形势严峻

良好的产地环境是农产品安全生产的前提和基础，产地环境的优劣直接影响农产品的质量安全。然而，随着我国工业化、城市化和农业集约化的快速发展，工业污染日益严重，农药、化肥等农业投入品的不合理使用导致农业产地环境污染愈演愈烈，土壤、灌溉用水和大气环境污染加剧。工业生产、有机肥料（近年来饲料添加剂中含有高量砷、铜等）和磷肥（磷矿石中含镉等），使农田重金属污染日益严重。有关部门于 20 世纪末对我国 $30 \times 10^4 hm^2$ 基本农田保护区土壤有害重金属进行抽样调查，结果表明，约有 12.1% 农田重金属超标。灌溉水源污染已成为农业可持续发展的一个瓶颈，据不完全调查，苏、浙、沪的 16 个县内井水硝态氮和亚硝态氮的超标率已分别达 38.2% 和 57.9%。太湖流域 80% 河道遭受污染，60% 河湖水质不符合饮用水标准。此外，我国大气污染呈现出烟煤污染与机动车污染共存的复合污染，颗粒物为主要污染物；光化学烟雾频繁、二氧化氮浓度居高不下，酸沉降转变为硫酸性与硝酸型的复合污染，大气污染加剧导致农田土壤继续酸化；城市大气中的持久性有机污染物和重金属等有害物质通过大气已成为农田和农产品的污染源[12]。

（四）生产技术体系和标准体系存在很多薄弱环节

目前稻米清洁生产体系和标准体系建设存在很多薄弱环节。一是稻米清洁生产标准体系同整个种植业标准体系建设的关系有待协调和理顺，并进行归口管理与加强建设，无公害稻米、绿色食品稻米和有机稻米等相关概念的兴起，生产者与消费者常会对相关标准产生比较混乱的理解[5]。二是缺乏综合集成的农业清洁生产技术体系，目前尽管有一些单项技术符合农业清洁生产的要求，但由于缺乏综合集成，难以发挥其应有的作用。三是清洁生产技术规范不统一、推广机制不完善。中国地域辽阔，由于各地自然环境与土壤条件的差异，在没有形成统一认识的情况下，农业清洁生产的相关技术缺乏通用性，这使得一些成熟的农业清洁生产技术受到限制，清洁生产的技术研发、成果转化和推广机制等有待完善[13]。

（五）管理和法律体系极不健全

近年来，我国在农业清洁生产立法上已有一定进展，为其进一步推行奠定了良好的基础。但是这些规定只是散见于《中华人民共和国农业法》《中华人民共和国农业环境保护法》《中华人民共和国清洁生产促进法》等相关法律法规中，没有专门针对农业清洁生产的法律法规，这使得农业清洁生产的理念没有得到完整的体现。仅通过一些零散的法律条文、规范难以真正将清洁生产要求贯彻到农业生产之中。标准、监测、认证、执法等体系建设都不完善，稻米质量认证工作尚未真正起步。在质量安全执法监督过程中，普遍存在法律依据不足与有法不依的问题。农业清洁生产之所以不能大范围开展实施，很大一部分因素是由于法律体系未能给予良好支撑。因此应适时进行农业清洁生产立法，填补相关领域空白，加强法律力度，完善法规内容，使农业清洁生产做到有法可依。除了要有相关法律作为保障外，还应有相关国家政策相呼应，通过政策调动农民实施的积极性。

（六）政府引领和企业引导不够

政府引领和企业引导不够，导致稻米清洁生产的应用推广缓慢。政府部门向农民进行环保知识、生态知识的普及宣传工作力度不大，通过宣传使农民和企业认识到环保的重要性及农业环境污染的危害性，可增强其对农业清洁生产重要性的认识和了解，使其清楚地认识到农业清洁生产巨大的环境效益和经济效益；积极推广科学种田的方式，在清洁生产的同时减少投入成本，增加效益。同时，中国清洁生产科技开发投入不够，发展农业清洁生产的时间较短，引进清洁生产技术和设备费用巨大，使中国农业企业很难自愿将有限资金投入到农业清洁生产中，许多企业使用的农业生产设备都比较落后，离全面有效推行、发展农业清洁生产的要求仍有较大差距，因此，政府应引导农业企业进行清洁生产，并加大前期资金投入，这对清洁生产工作的推广起到至关重要的作用。此外，企业农产品品牌的建立和推广有待加强，由于缺乏品牌建设，相当一部分优质安全稻米目前难以做到单收、单贮和专卖，好坏产品混收、混装、混贮、混卖现象突出，不能实现优质优价，使农业清洁生产的产品附加值降低。

二、发展方向

（一）完善、建立水稻清洁生产各项标准体系

制定水稻清洁生产的认证管理、评价指标、技术支撑体系以及相应的肥料投入替代品及资源高效利用技术体系、水稻标准化生产技术体系、水稻废弃物资源化及其清洁化生产链接技术体系、稻米质量和土壤安全监测技术体系、产地环境修复和地力恢复技术体系、信息化技术体系 6 个子技术体系，制定节水、节药、节肥、节能、节地以及资源循环再利用等方面的标准，使水稻清洁生产向规模化、产业化、科技化、工厂化发展。按照国内外市场准入的要求，对稻作生态环境（大气、水质、土壤）评价、环境治理、良种选用与秧苗培育、水浆管理、配比优化定量施肥、病虫草害防治、优质栽培技术、生产管理

及档案、收获加工、贮藏运输以及包装、标签要求等做出具体而又明确的规定，实现"从土地（农田）到餐桌"的全程质量控制，推进稻作科学的新发展。重点突破水稻清洁生产关键共性技术，综合应用节水、节药、节肥、节能、节地等可持续农业技术，建立可持续发展的系统体系[14]。

（二）优化稻米精细加工工艺及其标准，培育和扶持清洁稻米加工龙头企业

根据国内外市场需求，研究改进稻谷干燥、出糙、精加工、抛光、色选、分级、定量包装等加工工艺，并制定相应的先进标准。积极推进稻米加工企业质量认证体系建设，运用良好操作规范和危害分析与关键控制点等产品质量管理方式，加强产品全程质量监控，创造著名大米品牌。改善经营方式，实现稻米加工从服务加工型向产业流通型、市场贸易型的转变，创立与发展清洁稻米品牌。

（三）完善、建立水稻清洁生产补偿政策

农业清洁生产补偿已成为农业生态补偿政策研究的重要内容。发达国家通过农业补贴政策手段，鼓励农民采用环境友好型生产技术，形成有代表性的补偿政策模式，包括"美国以环保计划项目为带动的市场机制与政策调控结合型模式""欧盟以共同农业政策为引导的生态补偿与环境保护挂钩型模式""日本以环境保全型农业为特色的政府主导与公众配合互补型模式"等。我国重视农业清洁生产的发展，近十年来出台了一系列补偿政策措施，但由于政策制定缺乏利益相关者的充分参与、补偿标准确定的方法和思路亟待改进、补偿政策的基础性保障制度仍不完善、补偿标准依然不高，难以调动生产者的积极性。因此，在建立水稻清洁生产补偿政策模式时，应充分尊重农民的意愿和利益，确定科学计量补偿标准的方法，健全补偿政策基础性支撑制度。

（四）扶助绿色农资企业的发展

绿色生产资料投入是实现水稻清洁生产的基础条件之一，其安全性一旦出现问题，生产出来的产品基本上都将成为劣质品，即使在生产过程中再注重监管或者严格控制也难以有效防控。只有使用洁净优质的农资，才能生产安全优质的产品。因此，需要政府在生物农药、微生物肥料、有机肥料、生物高降解农膜及安全饲料等的研发与产业化方面给予持续的关注和投入，充实和完善对绿色农资生产的引导、科技创新支撑及保障机制，加快绿色农资的产业化并降低生产成本，以期全面推动农业清洁生产的发展[15]。

（五）研发和推广水稻优化施肥技术

水稻优化施肥技术是清洁生产过程中提高肥料利用效率、减少环境污染的关键技术，通常使用的优化施肥技术包括精准施肥、有机替代、肥料增效、高效控污施肥等。在新的发展时期，要注重"双减"技术的创新与推广，即减少化学肥料30%，以高效有机肥替代，创新与研制专用型高效有机肥，创新生产工艺与技术，提高有机肥利用率与替代比例，以避免盲目施肥，减少浪费，从源头防止农业面源污染问题，改良并提高土壤肥力、提高水稻品质。

（六）研发和推广水稻绿色植保技术

研发和推广水稻绿色植保技术，有效防控农药面源污染的扩展与蔓延，保护良好的生态环境，为高效生态农业发展奠定良好的基础。首先，要重点研发各种高效、低毒、低残留的无公害农药品种，在改进农药的制剂类型及喷洒技术上，尽可能减少农药在使用过程中的挥发、飘游，提高农药的使用率，加强生物防治技术的开发研究，利用天敌防治，利用水稻对病虫害的抗性防治害虫等，从源头上减少农药对生态环境的污染。其次，在施用技术上，采取超前预报预测与精准防控技术，优化降低药量、机械精准施药、化学农药替代等技术等，提高农药利用率、防控药效，从而降低化学农药用量。根据农药的特性，农药在水稻中的残留规律，制定农药安全使用标准，规定水稻的安全收获期和农药在食品中的允许残留量等。最后，农药的生产要注重向高效、低毒、低残留的方向发展，停止使用剧毒农药[3]。

（七）研发稻作副产品无害化处理与还田技术

稻作副产品主要包括稻草和稻糠（壳），目前受农村生产和生活方式的改变，致使其出现大量剩余，导致露天就地焚烧或丢弃，不仅浪费了宝贵的资源，而且带来了各种环境危害。研发稻草和稻糠（壳）还田与综合资源化利用技术，如直接还田、间接还田（堆沤、饲料、菌渣等）、化学工业、建筑行业、食品和医药界等利用技术，对提高和保持耕地质量，缓解我国肥料、饲料、能源与工业原料等资源短缺和相互之间的矛盾，促进我国国民经济可持续发展都具有深刻意义和重大作用。

参考文献

［1］ 丁长红．水稻种植业清洁生产控制措施［J］．现代农业科技，2008（19）：254-255.

［2］ 彭春瑞，罗奇祥，陈先茂，等．双季稻丰产栽培的清洁生产技术

[J]. 杂交水稻, 2010, 25 (1): 41-44.

[3] 薛桂芝. 关于推进我国农业清洁生产的研究 [J]. 安徽农业科学, 2012, 40 (1): 302-303.

[4] 鲁双凤, 袁建平, 王鹏, 等. 农业清洁生产发展现状与对策分析 [J]. 安徽农业科学, 2011, 39 (19): 1 1 698-11 701.

[5] 张洪程, 高辉. 推进稻米清洁生产提升稻米产业竞争力 [J]. 中国稻米, 2003, 9 (3): 3-5.

[6] 柯紫霞. 浙江省农业清洁生产技术体系的建立及实施对策研究 [D]. 浙江大学, 2006.

[7] 彭富强. 农业清洁生产评价体系研究 [D]. 重庆大学, 2013.

[8] 陈克亮, 杨学春, 陈玉成. 农业清洁生产工程体系 [J]. 重庆环境科学, 2001, 23 (6): 57-60.

[9] 谢晶. 农业清洁生产法律制度研究 [D]. 西北农林科技大学, 2010.

[10] 罗良国, 杨世琦, 张庆忠, 等. 国内外农业清洁生产实践与探索 [J]. 农业经济问题, 2009, 30 (12): 18-24.

[11] 王俊, 马成功, 尚磊. 国外农业清洁生产的实践经验 [J]. 农村工作通讯, 2011 (5): 44-45.

[12] 杨晓霞, 龚久平, 柴勇, 等. 我国农产品产地环境现状问题及其对策研究 [J]. 南方农业, 2014, 8 (10): 68-72.

[13] 刘岑薇, 王成已, 黄毅斌. 中国农业清洁生产的发展现状及对策分析 [J]. 中国农学通报, 2016, 32 (32): 200-204.

[14] 史延通. 我国农业清洁生产的发展对策 [J]. 现代农业科技, 2012 (8): 398.

[15] 刘韬, 刘朋虎, 赵雅静, 等. 高效生态农业发展的绿色农资与清洁生产技术集成 [J]. 亚热带资源与环境学报, 2017, 12 (4): 76-83.

第二章 产地选择与环境保护

　　水稻的产量和米质的形成除受水稻基因型的影响外，产地环境对水稻的产量与米质形成也有重要影响，特别是对稻米有毒、有害物质积累的影响甚大。因而，选择有利于水稻生长发育，而环境没有被污染的产地是保障水稻高产、优质和稻米安全的重要前提，也是实现水稻清洁生产的基础。如果产地污染严重，要生产出没有污染的稻米是很难的。产地环境不利于水稻生长，水稻也难以实现高产优质。产地环境主要包括气候环境、土壤环境、水源环境。气候环境包括光照强弱、日照长短、温度高低及变化、降水量及降水强度、风速、空气质量等；土壤环境包括土壤结构条件、有机质、土壤养分、土壤空气和酸碱度、土壤有害物质含量、土壤生物等；水源环境主要包括灌溉水（地下水）质量条件等。水稻清洁生产要求选择合适的产地，并通过合理布局规划，采取切实有效措施，不断改良生态环境中的障碍因子，提高环境质量，使环境更加有利于水稻的高产优质栽培，降低稻米有毒、有害物质积累，减少对环境的污染。

第一节 产地环境对水稻生长的影响

　　水稻的产量和米质的形成除受水稻基因型的影响外，也受环境条件和栽培措施的影响。产地环境与水稻产量、米质的形成密切相关。同时，稻米的安全性更是与产地的环境污染状况紧密相联。所以，没有良好的产地环境就不可能实现水稻的清洁生产。

一、对产量的影响

（一）气候条件

水稻产量水平与气候条件密切相关。我国虽然南起海南省的三亚市，北至黑龙江省的黑河市均有水稻种植，但不同稻作生态区由于气候条件不同，产量差异很大（表2-1）[1]。有些地区一年只能种植一季，而有些地区则可种植两季甚至三季。有些气候生态条件好的地区水稻产量很高，如我国云南的永胜县最高产量一季可高达 18 000kg·hm^{-2} 以上，而有些地区一季产量只有 4 500kg·hm^{-2} 左右，导致这种不同生态区产量差异的主要原因是气候条件差异。影响水稻产量的气候因子很多，最主要的是光、温、水。

表2-1 主要稻作生态区的水稻产量水平 （t·hm^{-2}）

季别	华南	长三角平原	皖中平原	两湖平原	成都平原	江南丘陵	川东丘陵	华北	东北
早稻	5.91	4.66	5.18	5.84		5.44	5.49		
晚稻	4.76	4.24	4.54	5.78		5.70	5.78		
一季稻	4.53	6.14	5.84	6.38	7.00	6.34	7.70	5.43	7.10

光照主要从3个方面影响水稻产量形成：首先水稻是短日性作物，在短日下促进出穗，在长日下延迟出穗或不出穗，水稻的这种生育期受日长影响的特性称为感光性；其次水稻是喜光作物，光照弱光合作用下降、水稻生长慢、分蘖少、组织柔弱、易倒伏、穗型小、结实率低，反之亦然；最后是水稻的生长与光质有关，不同波长的光对水稻的作用效果不同，水稻叶片对光吸收率最强的波长范围是在蓝光区，所以育秧时用蓝色膜覆盖比用透明膜或绿色膜覆盖的秧苗素质好。

水稻的光合作用、呼吸作用、养分吸收、器官生长发育等所有生理过程都与温度密切相关，只有处在适宜的范围内，才能正常生长（表2-2）[2]，当温度过高或过低时，水稻生长就会受阻，甚至停止。极端高温或低温是导致水稻减产的重要气象灾害，如早稻高温逼熟、倒春寒、芒种寒，二晚寒露风、一季稻抽穗杨花期高温危害等都会导致水稻减产甚至绝收[3]；在适宜生长发育的温度范围内，高温可加速其发育转变，提早抽穗；而较低的温度可延缓其发育转变，延迟抽穗，水稻的这种生育期受温度影响的特性称为感温性；同时，水稻的产量还与昼夜温差相关，昼夜温差大，有利于水稻的干物质积累和提高产量，反之亦然。

表2-2 水稻各生育期对温度的要求 （℃）

生育期	生物学最低温度	生物学最适温度	生物学最高温度
发芽	10（粳）12（籼）	18~32	45
出苗	12（粳）14（籼）	20~32	40

（续表）

生育期	生物学最低温度	生物学最适温度	生物学最高温度
分蘖	15~17	25~30	33
拔节、孕穗	15~17	25~32	40
抽穗、开花	20（粳）22（籼）	25~32	35~37
成熟	15	23~28	35

水稻生长耗水较多，因此，大多分布于温暖湿润的东南亚季风区域，在降水量小的缺水地区不宜大量发展水稻生产。水稻不同生育时期对水分的需求不同，只有在适宜的含水量条件下才能生长良好，水分过多或过少对水稻生长都不利。降水对水稻生长的影响主要有两个方面：一是降水量小或较长时间不降雨导致水稻干旱而生长受阻甚至停止或死亡；二是短期内降水量过大导致洪涝灾害，使水稻受淹而导致减产或绝收。

除光、温、降水等外，影响水稻产量的气候因子还有风、空气质量等。如风过大会导致水稻倒伏而影响产量，或使叶片破伤影响光合作用和易受感染而发生病害；没有风又不利于水稻行间的通风和气体交换，甚至影响授粉，也不利于水稻高产；空气中的含氮量、CO_2 浓度、含 S 量、有毒、有害物质含量等也都对水稻的生长发育有影响，最终会影响产量形成。

（二）土壤条件

水稻生长发育需要不断从土壤中吸收养分和水分，而且肥料的绝大部分养分也要经过土壤才能被植物吸收（根外追肥除外）。同时，水稻根系生长在土壤里，其生长受土壤环境的影响很大。影响水稻产量形成的土壤因子主要包括土壤养分含量、土壤结构、土壤 pH 值、土壤污染物含量等。水稻吸收的养分大部分来自土壤本身，而且土壤肥力越高则地力贡献率越大[1]，因此，土壤养分含量对水稻产量形成有重要作用。土壤结构主要通过影响土壤根系生长来影响水稻产量形成，一般土壤耕层深厚、通气性好、保水保肥的土壤有利于水稻高产，而土壤耕层浅、土壤板结或太糊、跑水跑肥的土壤则不利于高产。水稻适应于中性偏酸的土壤，但 pH 值过低则影响水稻生长，而且导致土壤重金属活性增加，造成稻谷重金属含量超标，一般当土壤 pH 值≤5 时，水稻产量明显下降。土壤污染物含量不仅影响稻米安全性，而且当土壤污染物含量超过一定值时会使水稻生长受到抑制，土壤中的抗生素、除草剂、农药等有机物、有毒物含量超过一定限值都会影响水稻生长发育，导致水稻减产；土壤中的重金属虽然很多是水稻生长的必需元素，但含量超过一定限度也会影响水稻生长，造成水稻减产或绝收。如据盆栽试验结果表明，土壤中铜含量 100mg·kg^{-1}、200mg·kg^{-1}、400mg·kg^{-1}、600mg·kg^{-1}、800mg·kg^{-1} 和 1 000mg·kg^{-1} 处理的产量分别比 CK（土壤铜含量 74.4mg·kg^{-1}）减产 10.1%、15.4%、37.0%、82.9%、89.3% 和 96.2%[4]。

（三）灌溉条件

水稻是需水多的作物，在水稻生长期内，除降水外，一般都需要灌溉补水。灌溉水对水稻产量的影响主要包括两个方面：一是水温，如采用地下水或山泉水灌溉，水温过低则会影响水稻生长发育，返青慢、分蘖少，根系生长不良，延迟水稻生育进程，甚至产生低温冷害而导致减产；二是水质，灌溉水中的养分也能被水稻吸收利用，所以，灌溉水中适量的养分对水稻生长是有利的，但当灌溉水中养分含量超过一定限度后，特别是有机污染物和重金属含量超标的污水灌溉，对水稻生长会导致不利影响，影响水稻生长，甚至导致水稻死亡。所以对灌溉水的水质也有一定要求。

二、对稻米品质的影响

稻米品质主要受品种遗传特性决定，但也与栽培管理及产地环境有很大关系。同一个品种在不同地方种植，稻米品质有很大差异，这主要是因为不同地区的气候、土壤等环境条件不同所致，特别是水稻灌浆期的外部环境条件对水稻的米质影响很大。

（一）气候条件

气候条件是影响稻米品质的主要环境因素，同一个品种在不同年份、不同季节、不同海拔高度种植，品质有很大差异，主要是气候条件差异所致。特别是水稻灌浆期的气候条件影响显著，如在南方稻区同一品种作二晚种植较作早稻种植的米质明显改善，主要是因为早稻灌浆期易遇"高温逼熟"，温度高、昼夜温差小，呼吸消耗大，灌浆期缩短，不利于水稻灌浆，因而米质下降。而二晚灌浆期一般"秋高气爽"，温度适宜、昼夜温差大，有利于籽粒灌浆，因而米质也更好。影响水稻产量形成的气候因子，特别是影响籽粒灌浆的气候因子都会影响水稻米质的形成，程方民等分析了 6 个气候因子对稻米品质的影响，结果表明，日均温度对稻米品质的影响作用最大，其次是日均太阳辐射量和日均昼夜温差，再次是日均日照时数，最后是日均相对湿度、日均降水量两个水分因子[5]。

水稻灌浆期的温度与米质的形成密切相关，结实期日平均气温与稻米综合品质呈二次曲线关系，过高或过低均不利米质的形成，特别是灌浆结实前、中期为决定稻米综合品质优劣的温度敏感时期[6]。灌浆结实期的高温会使灌浆速率加快、持续期缩短，籽粒淀粉颗粒灌浆不紧密，从而影响米粒的充实，进而导致稻米的垩白度增大、垩白粒率提高、透明度降低、整精米率下降、碎米增多，蒸煮品质和食味品质变差，但高温往往会增加籽粒的蛋白质含量。抽穗期低温常导致水稻不能安全齐穗或不能正常灌浆充实，影响同化产物的积累和运转，使稻米的"青米率"增加、垩白增大，整精米率一般也下降、综合米质变劣。不同品种的米质形成对温度的敏感性不同，要求的适宜温度也有一定差异。除日平均温度外，昼夜温差也对米质的形成有重要影响，一般温差大，有利于干物质积累和籽粒灌浆，改善稻米品质。

光照是仅次于温度之后对稻米品质有较大影响的气候因子。光照对米质的影响主要是光照强度。灌浆结实期的日平均太阳辐照度对稻米品质影响最大。一般来说，光照充足有利于稻米品质的提升，灌浆结实期遮光处理会导致稻米品质下降。水稻生育后期光照不足，光合作用减弱，尤其群体质量差的稻田，田间郁闭，通气透光不良，碳水化合物合成受阻，易造成籽粒充实不良，青米增多，垩白米粒增多，蛋白质含量下降。但是光照太强，又有可能会导致温度相应升高，诱导高温逼熟，同样会导致灌浆充实不良，垩白度增大，垩白米率增加和蛋白质含量下降。日照时数对米质形成也有一定影响，一般认为日照时间与稻米的糊化温度、胶稠度一般呈正相关，与直链淀粉含量呈负相关，总的趋势是日照时数增加有利于增加光合时间和干物质积累，促进灌浆，改善米质。

灌浆结实期的降水也会对稻米品质形成产生较大影响。极端多雨或少雨会导致洪涝灾害或干旱，进而影响水稻籽粒灌浆，导致米质下降。在没有形成灾害的降雨条件下，降雨会通过影响田间湿度或光照而影响米质形成，降水量多或降雨时间长，则田间空气湿度大，光照强度降低和光照时数减少，影响光合作用，增加病害发生，不利于米质提升；降水量过少，则空气湿度过低，也同样会影响光合作用，不利于米质形成。同时，风力和空气质量对稻米品质也有一定影响。如风力过大，则会导致水稻倒伏或叶片破损，影响光合作用和物质生产运转，导致结实不良、米质下降，而没有风则影响田间气体交换，同样不利于光合作用，影响米质；空气中的有害物质多，会对叶片造成伤害，同样也会影响米质。

（二）土壤条件

土壤不仅为水稻生长提供养分和水分，而且是根系生长的场所，因此，土壤条件不仅影响水稻产量的形成，而且影响稻米品质的形成。同一品种在相同气候条件下，不同土壤种植的米质有所差异就是土壤环境不同所致。影响米质形成的土壤因子主要包括土壤质地、土壤养分、土壤水分等，一般耕层深厚、有机质含量高、质地疏松、微生物活动强、透水透气性好、土壤肥力水平高、养分平衡的潴育性水稻土的稻米品质较耕层浅、有机质含量低、土壤贫瘠、保水保肥能力差的淹育性水稻土好，也较土壤通气不良、养分不平衡的潜育性水稻土好。水稻后期土壤干旱有利于提高稻米的蛋白质含量，但其他米质性状会变劣，综合米质下降。

（三）灌溉条件

水稻种植一般都需要灌溉补水，灌溉水质量对水稻品质也有一定影响。全国劳模、江苏省农业科学院副院长陈永康曾指出，利用河水灌溉其稻米品质优于用塘水灌溉。上海青浦的香稻是用淀山湖的湖水灌溉的，其香味和品质比在其他地方种植的同一品种更香更好，说明清洁的灌溉水有利于保持水稻品种的品质特性，而污染的灌溉水不仅会对稻米安全性和产量造成影响，而且会降低米质。此外，灌溉水也可能通过影响水稻灌浆结实期的田间温度而影响米质。

三、对稻米安全性影响

随着环境污染的加剧和生活水平的提高，消费者对稻米安全性也越来越关注。产地环境条件好坏直接影响到稻米的安全性。

（一）大气

大气影响稻米的安全性主要包括 3 个方面：一是大气悬浮颗粒物中的重金属或其他污染物沉降到土壤或灌溉水中，通过水稻根系吸收运转到籽粒中去，影响稻米的安全性；二是大气中的二氧化硫等导致酸沉降，使土壤酸化，pH 值下降，引起土壤中重金属等污染物的活化，导致重金属等污染物被水稻吸收增加，进而增加稻米中重金属的含量，影响稻米的安全性；三是大气中的有毒有害物质降落在叶片上，也有部分通过叶片吸收使稻米中的有毒有害物质增加。

（二）土壤

土壤中的有毒、有害物质不仅影响水稻的产量和米质形成，而且会被水稻吸收而在稻米中积累，直接影响稻米的安全性。土壤条件对稻米安全性的影响也主要包括 3 个方面：一是重金属、有机污染物等有毒、有害物质直接被水稻吸收并在稻米中积累而影响稻米安全性；二是土壤的理化特性（如 pH 值）影响到土壤中重金属的有效性或水稻的吸收能力等而间接影响稻米安全性；三是土壤中有机污染物很多都要通过土壤微生物降解，因此，土壤的生物学特性会影响到土壤中有害物质的降解而间接影响到稻米的安全性。

（三）灌溉水

灌溉水对稻米安全性的影响主要包括两个方面：一是灌溉水中的有毒有害污染物直接被水稻吸收并在稻米中累积而影响稻米的安全性；二是灌溉水中的有毒有害污染物在土壤中累积，增加了土壤中有毒有害污染物的含量，进而影响稻米的安全性。

第二节　对产地环境的要求

目前，我国依据清洁生产理念进行种植的水稻主要包括有机水稻、绿色水稻、无公害水稻3种类型，三者均要求产地空气清新、水质纯净、土壤清洁、生态条件良好、生产条件较好。但由于三者对产品安全性的要求不同，因此，对产地环境的要求也有所差异。有机水稻要求最严，绿色水稻次之，无公害水稻相对较低。

一、生态与生产条件

（一）生态条件

良好的生态条件是水稻清洁生产的基础。实行清洁生产对产地生态条件有较高的要求：一是光、温、水等气候资源适宜，能满足水稻不同生育阶段对气候条件的要求，特别是水稻抽穗灌浆期的光照充足、温度适宜、昼夜温差大、雨水充沛，有利于抽穗后的干物质积累和促进籽粒灌浆，促进产量和品质的形成，因此，基地一般优先选择高产优质水稻主产区；二是要远离污染源，要尽量避开繁华的都市、交通要道、工业园区，远离对大气和水体有污染的化工厂、水泥厂、钢铁厂、工矿废渣场地、医院污染源。要求距离上述污染源5km以上，特别是上风口和水域上游没有对基地空气和水体有污染的污染源，保障空气、土壤和灌溉水不受污染源污染；三是有较好的隔离条件，与常规种植区隔断或建有缓冲区，能有效阻挡常规种植区污染物或其他外来污染物的侵入，而且要求避风向阳；四是森林覆盖率高，水土流失得到有效控制，生物多样性丰富，有利于青蛙等害虫天敌的生存和繁殖，有害生物较少。

（二）生产条件

良好的生产条件是水稻清洁生产的基础。实行水稻清洁生产要求有较好的生产条件：一是基地的土壤耕层深厚、肥力较高、结构良好、排水通气、保水保肥，土壤生物多样性好，土壤综合生产能力高，土壤有害有毒物质少。新建有机水稻基地，要求有三年按有机水稻种植规范进行种植的期限作为转换期；二是水利设施齐全，排灌分家，涝能排旱能灌，确保旱涝保收；三是路、林配套，做到路相通、林成行，确保耕种收获运输车辆和机具能直达每一块稻田，防护林能有效起到防风、防尘作用；四是有配套的截污净水生态系统，要求基地的边角地都有植被截污保土，排灌沟渠和塘堰湿地种植截污净水能力强的植物，以拦截污染物和净化水体，减少氮磷污染物的排放；五是当地农民有较高的水稻种植技术水平和丰富的种植经验，并有较强的环保意识和实行清洁生产的自觉性；六是最好和稻米加工企业联合，通过"企业+基地+农户"等模式，使生产出的稻米能卖出好价钱，优质优价，提高种植效益。

二、环境质量

水稻清洁生产，对基地的空气质量、土壤质量、灌溉水质有一定的要求，只有基地的大气、土壤、灌溉水等环境质量满足一定的标准，才能进行清洁生产。有机水稻、绿色水稻、无公害水稻由于对产品质量安全的要求不同，因而对基地环境质量的要求也有所差异，执行的环境质量标准也有所不同（表2-3）。

表2-3　有机、绿色、无公害水稻基地环境质量要求标准比较

项目	有机水稻	绿色	无公害
土壤	符合 GB 15618—2008 标准要求	符合 NY/T 391—2013 的要求	符合 GB 15618—1995 的要求
大气	符合 GB 3095—2012 标准要求	符合 NY/T 391—2013 的要求	符合 NY 5116—2002 3.2 的要求
灌溉水	符合 GB 5084—2005 标准要求	符合 NY/T 391—2013 的要求	符合 NY/T 5010—2016 的要求

（一）有机水稻

有机水稻对环境质量的要求最严，有机水稻基地的大气、土壤、灌溉水等环境质量要求达到以下标准。

1. 大气

有机水稻基地要求大气环境质量标准达到 GB 3095—2012 的要求，具体标

准如表 2-4 所示。

表 2-4　有机水稻生产的大气环境质量指标

项目	1h 平均浓度	日平均浓度	年平均浓度
二氧化硫（mg·m⁻³）	≤0.50	≤0.15	≤0.06
二氧化氮（mg·m⁻³）	≤0.2	≤0.08	≤0.04
一氧化碳（mg·m⁻³）	≤10	≤4	
臭氧（mg·m⁻³）	≤0.2		
颗粒物（粒径≤10μm）（mg·m⁻³）		≤0.15	≤0.07
颗粒物（粒径≤2.5μm）（mg·m⁻³）		≤0.075	≤0.035
总悬浮颗粒物（mg·m⁻³）		≤0.30	≤0.20
氮氧化物（mg·m⁻³）	≤0.25	≤0.10	≤0.05
氟化物（mg·m⁻³）	≤0.025	≤0.010	≤0.005
铅（mg·m⁻³）			≤0.005
苯并［α］芘（μg·m⁻³）			≤0.001

2. 土壤

有机水稻基地的土壤环境质量标准达到 GB 15618—2008 的要求，有机污染物含量（表 2-5）和无机污染含量（表 2-6）指标如下。

表 2-5　有机水稻生产土壤中有机污染物含量指标

污染物	ca/nc	按土壤有机质含量分组	
		≤20g·kg⁻¹	>20g·kg⁻¹
苯并［α］蒽（mg·kg⁻¹）	ca	0.1	0.2
苯并［α］芘（mg·kg⁻¹）	ca	0.1	0.1
苯并［b］荧蒽（mg·kg⁻¹）	ca	0.1	0.3
苯并［k］荧蒽（mg·kg⁻¹）	ca	0.2	0.5
二苯并［α,h］蒽（mg·kg⁻¹）	ca	0.1	0.2
茚并［1，2，3-cd］芘（mg·kg⁻¹）	ca	0.1	0.3
屈（mg·kg⁻¹）	ca	0.1	0.2
萘（mg·kg⁻¹）	nc	0.1	0.3
菲（mg·kg⁻¹）	nc	0.5	1
蒽（mg·kg⁻¹）	nc	0.5	1
荧蒽（mg·kg⁻¹）	nc	0.5	1
芘（mg·kg⁻¹）	nc	0.5	1

（续表）

污染物	ca/nc	按土壤有机质含量分组	
		≤20g·kg⁻¹	> 20g·kg⁻¹
苯并 [g, h, i] 芘 （mg·kg⁻¹）	nc	0.5	1
滴滴涕总量 （mg·kg⁻¹）	ca	0.1	0.1
多氯联苯总量 （mg·kg⁻¹）	ca	0.1	0.2
二噁英总量 （mg·kg⁻¹）	ca	4	4
六六六总量 （mg·kg⁻¹）	ca	0.05	0.05
阿特拉津 （mg·kg⁻¹）	ca	0.1	0.1
2,4-二氯苯氧乙酸 （mg·kg⁻¹）	nc	0.1	0.1
西玛津 （mg·kg⁻¹）	ca	0.1	0.1
敌稗 （mg·kg⁻¹）	nc	0.1	0.1
草甘膦 （mg·kg⁻¹）	nc	0.5	0.5
二嗪磷 （mg·kg⁻¹）	nc	0.1	0.2
代森锌 （mg·kg⁻¹）	nc	0.1	0.1
石油烃 （mg·kg⁻¹）	nc	500	500
邻苯二甲酸酯类 （mg·kg⁻¹）	nc	10	10

注：ca 表示致癌性，nc 表示非致癌性

表 2-6 有机水稻生产土壤中无机污染物含量指标

项目	pH 值 < 5.5	5.5 ≤pH 值≤6.5	6.5 ≤pH 值≤ 7.5	pH 值 > 7.5
镉 （mg·kg⁻¹）	≤0.25	≤0.3	≤0.5	≤1.0
汞 （mg·kg⁻¹）	≤0.2	≤0.3	≤0.5	≤1.0
砷 （mg·kg⁻¹）	≤35	≤30	≤25	≤20
铅 （mg·kg⁻¹）	≤80	≤80	≤80	≤80
总铬 （mg·kg⁻¹）	≤220	≤250	≤300	≤350
铜 （mg·kg⁻¹）	≤50	≤50	≤100	≤100
镍 （mg·kg⁻¹）	≤60	≤80	≤90	≤100
锌 （mg·kg⁻¹）	≤150	≤200	≤250	≤300
硒 （mg·kg⁻¹）	≤3.0			
钴 （mg·kg⁻¹）	≤40			
钒 （mg·kg⁻¹）	≤130			
锑 （mg·kg⁻¹）	≤10			
氟化物 （mg·kg⁻¹）	暂定水溶性氟≤5			
氰化物 （mg·kg⁻¹）	以 CN 计 ≤1			

3. 灌溉水

有机水稻基地的灌溉水质量标准执行 GB 5084—2005 的要求，其各项污染物含量指标如表 2-7 所示。

表 2-7　有机水稻田灌溉水质中各项污染物含量指标

项目	浓度限值（mg·L⁻¹）	项目	浓度限值（mg·L⁻¹）
氯化物	≤250	总铜	≤1.0
氰化物	≤0.5	总锌	≤2.0
氟化物	≤3.0	总汞	≤0.001
铬（六价）	≤0.1	总铅	≤0.1
生化需氧量（BOD_5）	≤80	总镉	≤0.005
化学需氧量（CODcr）	≤200	总磷	≤5
凯氏氮	≤12	总砷	≤0.05
pH 值	5.5~8.5		

（二）绿色水稻

绿色水稻产地的大气、土壤、灌溉水环境质量应符合 NY/T 391—2013 的指标要求。

1. 大气

绿色水稻产地的大气环境质量指标要求如表 2-8 所示。

表 2-8　绿色水稻生产的大气环境指标

项目	指标		检测方法
	日平均[a]	1h[b]	
总悬浮颗粒物（mg·m⁻³）	≤0.30	—	GB/T 15432
二氧化硫（mg·m⁻³）	≤0.15	≤0.50	HJ 482
二氧化氮（mg·m⁻³）	≤0.08	≤0.2	HJ 479
氟化物（μg·m⁻³）	≤7	≤20	HJ 480

注：[a] 日平均指任何一日的平均指标，[b] 指任何 1h 平均浓度

2. 土壤

绿色水稻产地的土壤环境质量指标要求如表 2-9 所示。

表 2-9　绿色水稻生产农田土壤中各种污染物指标

项目	指标			检测方法
pH 值	< 6.5	6.5~7.5	> 7.5	NY/T 1377
总镉（mg·kg^{-1}）≤	0.3	0.3	0.4	GB/T 17141
总汞（mg·kg^{-1}）≤	0.3	0.4	0.4	GB/T 22105.1
总砷（mg·kg^{-1}）≤	20	20	15	GB/T 22105.2
总铅（mg·kg^{-1}）≤	50	50	50	GB/T 17141
总铬（mg·kg^{-1}）≤	120	120	120	HJ 491
总铜（mg·kg^{-1}）≤	50	60	60	GB/T 17138

3. 灌溉水

绿色水稻产地的灌溉水质量指标要求如表 2-10 所示。

表 2-10　绿色水稻生产农田灌溉水中各种污染物指标

项目	指标	检测方法
pH 值	5.5~8.5	GB/T 6920
总汞（mg·L^{-1}）	≤0.001	HJ 597
总镉（mg·L^{-1}）	≤0.005	GB/T 7475
总砷（mg·L^{-1}）	≤0.05	GB/T 7485
总铅（mg·L^{-1}）	≤0.1	GB/T 7475
六价铬（mg·L^{-1}）	≤0.1	GB/T 7467
氟化物（mg·L^{-1}）	≤2.0	GB/T 7484
化学需氧量 CODcr（mg·L^{-1}）	≤60	GB 11914
石油类（mg·L^{-1}）	≤1.0	HJ 637

（三）无公害水稻

无公害水稻对环境质量的要求相对较低，其产地的大气、土壤、灌溉水等环境质量要求达到以下标准。

1. 大气

无公害水稻基地要求大气环境质量标准达到 NY/T 5116—2002 的要求，具体指标如表 2-11 所示。

表 2-11　无公害水稻生产的大气环境指标

项目	指标	
	1h 平均浓度	日平均浓度
二氧化硫（mg·m^{-3}）	≤0.50	≤0.25
氟化物（mg·m^{-3}）	≤0.02	≤0.007

2. 土壤

无公害水稻基地要求土壤环境质量标准达到 GB 15618—1995 的要求，具体指标如表 2-12 所示。

表 2-12　无公害水稻农田土壤环境质量指标

项目	土壤 pH 值		
	<6.5	6.5~7.5	>7.5
镉（mg·kg^{-1}） ≤	0.3	0.6	1
汞（mg·kg^{-1}） ≤	0.3	0.5	1
砷（mg·kg^{-1}） ≤	30	25	20
铜（mg·kg^{-1}） ≤	50	100	100
铅（mg·kg^{-1}） ≤	250	300	350
铬（mg·kg^{-1}） ≤	250	300	350
锌（mg·kg^{-1}） ≤	200	250	300
镍（mg·kg^{-1}） ≤	40	50	60
六六六（mg·kg^{-1}） ≤	0.5		
滴滴涕（mg·kg^{-1}） ≤	0.5		

注：①重金属（铬主要是三价）和砷均按元素量计，适用于阳离子交换量>5cmol（+）/kg 的土壤，若≤5cmol（+）/kg，其标准值为表内数值的半数；②六六六为四种异构体总量，滴滴涕为四种衍生物总量

3. 灌溉水

无公害水稻基地要求灌溉水质量标准达到 NY/T 5010—2016 的要求，具体指标如表 2-13 所示。

表 2-13　无公害水稻农田灌溉水中各种污染物指标

项目	指标
pH 值	5.5~8.5
总汞（mg·L^{-1}） ≤	0.001
总镉（mg·L^{-1}） ≤	0.01

（续表）

项目	指标
总砷（mg·L^{-1}）≤	0.05
总铅（mg·L^{-1}）≤	0.2
六价铬（mg·L^{-1}）≤	0.1
氰化物（mg·L^{-1}）≤	0.5
化学需氧量（mg·L^{-1}）≤	150
挥发酚（mg·L^{-1}）≤	1
石油类（mg·L^{-1}）≤	5
全盐量（mg·L^{-1}）≤	1 000（非盐碱土地区），2 000（盐碱土地区）
粪大肠菌群（个·100ml^{-1}）≤	4 000

第三节　基地建设与保护

清洁生产基地应选择生态、生产条件与环境质量都达到相应要求的水稻主产区。当基地选好后，应对基地进行建设和保护，使基地生态条件、生产条件越来越好，环境质量越来越高，确保基地的可持续发展。

一、生态环境建设

（一）净水系统建设

基地选好后，应加强生态环境建设，以保障水体清洁和减少污染物流出基地污染外界水源。一是要实行严格的环境保护制度，在水源地和灌溉水的上游严禁建设会带来新的污染源的企业或设施；二是要加强基地周边的绿化工作，消灭裸露的荒山荒地，封山育林，确保水土流失逐年下降，防止水土流失带来的污染物进入农田；三是要加强对水源地的保护，对水源地的水库四周要种植拦截植物以减少污染物污染水源，在沟渠两岸种植拦截植物以减少污染物对灌溉水的污染，在沟渠和塘堰湿地也要种植一些净水植物以净化水体，保障灌溉水清洁和从基地流入外界的水能达标排放。

（二）隔离设施建设

基地除充分利用山地、树林等天然条件进行隔离外，还应人工建设一些隔离设施对外来污染物进行拦截和隔离。一是在上风口种植吸尘和净化空气的植物以减少有毒有害粉尘和气体对基地的危害；二是在基地周边天然隔离条件不好的地方建设植物篱隔离，减少基地外污染物漂移进入基地；三是加强防护林建设，在机耕道两边种植防护林，也有较好的防风隔离效果，能较好地净化空气和水体。

（三）农田基本设施建设

基地选择好后，要加强农田基本设施建设。一是要做好配套水利设施建设，做到旱能灌、涝能排、确保旱涝保收，排灌分家，降低潜育性水稻土地下水位，增加通透性，要求地下水位降至60cm以下，增加淹育性和沙漏性水稻土的保水保肥能力；二是要尽可能做好土地整治工作，建好机耕道，方便机械化作业；三是建设一些安装引诱灯、释放赤眼蜂等物理与生物防治的设施，以便进行物理和生物防治；四是在大田周边边角地或田埂上种植一些香根草等引诱植物，引诱昆虫进行灭杀，减少大田危害。

（四）天敌保护与恢复设施建设

要加强对天敌的保护和恢复工作。除大力进行植被绿化和增加植物多样性外，还应新建或恢复一些天敌生存生活的场所，增加一些保护天敌的措施，如尽量减少田埂硬化和在田埂上种植大豆等其他植物，有利于天敌生存；建设一些人工湿地并种植水生植物以利于青蛙等繁殖和生存；建设一些防鸟设施区，保护青蛙、鱼类不受鸟害；同时，可人工放养青蛙、鱼类等天敌，促进天敌种群的恢复。

二、土壤清洁与改良

（一）清洁土壤

土壤清洁是水稻清洁生产的基础，基地的稻田虽然已经达到清洁生产的要求，但也要采取措施进一步减少土壤污染物的含量。除要减少外来污染物对土壤的污染外，对土壤中现存的污染物要采取措施进一步降低其含量或活性。一是要进一步降低重金属的含量和活性，如可以通过深翻、客土等措施降低土壤中的重金属含量。通过施用石灰、有机肥可有效降低土壤金属的活性，对一些土壤重金属含量较高的稻田，还可在稻季外种植一些富集植物，以降低土壤重金属的含量；二是要进一步降低土壤中农药和其他有机污染物的含量，如可以通过深翻增强土壤对有机污染物的吸附、稀释和去除作用。通过增施有机肥、活性炭等增加土壤对有机污染物的吸附而降低其活性，通过施用降解菌加速有机污染物的降解，通过施用某些化学添加剂减少残留农药的积累，如通过施用石硫合剂加速西玛津在土壤中的降解。

（二）改良土壤

要促进水稻清洁生产的可持续性，必须不断改良土壤，提高稻田土壤的综合生产能力。一是发展肥—稻、肥—稻—稻等用地养地种植模式和稻鸭、稻渔等共生生态模式，做到用地养地相结合，提高土壤的综合生产能力；二是要大力推广稻草还田、增施有机肥技术，提高土壤有机质，改善土壤结构，保障水稻持续丰产；三是要实施配方施肥技术，促进土壤养分平衡，防止土壤缺素症的出现；四是通过水旱轮作、冬翻晒垡技术，不断改良土壤结构，增加土壤通气性，降低土壤有害生物基数和有害物质含量。

三、基地管理

（一）组织管理

对基地要采取一定的组织管理措施，确保清洁生产措施落实到位。一是要加强宣传教育，对基地的种植户进行培训，增强种植户的环保意识，提高对清洁生产重要性和必要性的认识，使清洁生产理念深入种植户的头脑中，变为自觉行动；二是要建立档案制度，对每田块的种植情况、投入产出情况建立档案，提倡对基地产品进行溯源；三是要加强对投入品的监督管理，实行肥料、农药准入制度，对进入基地的肥料、农药等投入品要根据基地对农产品安全性要求的不同分级准入。进入前要进行检测，平时要不定期对基地的投入品进行检查，确保农业生产资料投入的安全性；四是加强对基地环境和产品的动态监测，监控污染物的变化情况，发现污染物有增加趋势或超标苗头要及时采取措施阻控；五是要进一步加强品牌建设和管理，实施品牌战略，加强宣传和市场拓展，通过对企业带动，使生产出来的优质安全大米能在市场上让消费者接受，实现优质优价，增加种植效益，提高基地农民收入；六是建立对生产废弃物回收利用的监督机制，减少废弃物对环境的污染。

（二）生产管理

在生产管理上，要充分发挥科技的支撑和引领作用。一是要建立与基地生态条件及水稻安全性要求相适应的标准体系，形成相应的操作规程，为基地水稻清洁生产提供可操作、标准化的技术，确保基地水稻清洁生产的实现和水稻丰产优质增效；二是要加强对农民的技术培训和技术指导，提高农民的技术水平和技术到位率；三是要建立和完善生产资料服务体系，对肥料、农药等农资进行统一采购、统一检测、统一供应，有条件的建立社会化服务体系，统一进行施肥和病虫草害防控，减少农民滥用生产资料的可能性；四是要加强对稻草、稻糠等稻作副产品的无害处理和综合利用，实现养分循环利用。

参考文献

［1］ 徐琪，杨林章，董元华，等．中国稻田生态系统［M］．北京：中国农业出版社，1996．

［2］ 程式华，李建．现代中国水稻［M］．北京：金盾出版社，2007．

［3］ 彭春瑞，刘小林，李名迪，等．江西主要水稻气象灾害及防御对策［J］．江西农业学报，2005，17（4）：127-130．

［4］ 徐加宽，杨连新，王志强，等．土壤铜含量对水稻生长发育和产量形成的影响［J］．中国水稻科学，2005，19（3）：262-268．

［5］ 程方民，刘正辉，张嵩午．稻米品质形成的气候生态条件评价及我国地域分布规律［J］．生态学报，2002，22（5）：636-642．

［6］ 刘建．环境因子对稻米品质影响研究进展［J］．湖北农学院学报，2002，22（6）：550-554．

第三章　清洁投入品选用技术

农业清洁生产由清洁投入、清洁生产过程、清洁产出 3 个环节构成。清洁投入是实现水稻清洁生产的基础[1]。这就要求在水稻清洁生产过程中要选用对环境和产品不会产生污染的安全绿色投入品（绿色肥料、农药、农膜等），以减少投入品对环境和稻米的污染风险。

第一节　肥料选用技术

肥料是水稻生产的重要投入品，对提高水稻产量和品质发挥了重要作用。但肥料的不合理施用，特别是化肥的大量施用和偏施带来了氮挥发污染空气、径流和渗漏污染地表水和地下水，而且还带来了土壤板结和酸化，造成土壤中镉等重金属活性增强而影响稻米安全性，对水稻的品质也有不利影响。同时，肥料本身由于生产技术和来源不同，也有很多肥料的重金属和有机污染物等有害物质含量很高，如果施用到土壤中去也会污染土壤、水体、大气等环境，并影响稻米品质和安全性。因此，选用对环境和稻米无（轻）污染的肥料和生产过程中无（轻）污染的肥料是水稻清洁生产的重要环节。

一、肥料的种类

肥料根据其来源和生产加工过程不同，可分为有机肥料、无机肥料、生物肥料。不同的肥料，其作用过程和特点不一样。有机肥料含有大量有机质，施到土壤中后需经过微生物的降解，才能被水稻吸收，因此其见效慢，而且其养分含量低，施用量大，但有机肥料养分全面、肥效长、有较好的改土培肥效果，提高土壤的综合生产能力。无机肥料施用到土壤中能直接被水稻吸收或很快能转化为被水稻吸收的形态，施后见效快，而且其养分含量高，用量小，运输和施肥成本低，但养分单一、肥效短、易流失，偏施易导致养分失衡和土壤破坏。生物肥料主要是微生物菌，本身不是肥料，施到土壤中后主要是通过微生物的活动，活化土壤的养分，提高养分有效性，提高水稻的吸收机能，促进水稻根系对养分的吸收。因此，不易产生污染，有一定的改土效果，但其效果不稳定，受环境影响大，而且长期单一施用某一种生物肥料可能导致土壤中一些养分枯竭。

（一）有机肥料

有机肥料是指来自于动植物本身或其残体，含有大量有机质，以提供植物营养为主，兼有改善土壤理化和生物性质的有机物料，主要包括农家肥、商品有机肥、土杂肥等[2]。

1. 农家肥

农家肥是指就地取材、就地使用的各种有机肥，主要有如下几种。

（1）粪尿肥。主要是人和动物的排泄物，包括人粪尿、家畜粪尿、禽粪、鸟粪等。

（2）堆肥。以各类秸秆、落叶、山青、湖草为主要原料并与人畜粪便和少量泥土混合堆制经好气微生物分解而成的一类有机肥料。

（3）沤肥。所用物料与堆肥基本相同，只是在滩水条件下，经微生物燃气发酵而成的一类有机肥料。

（4）厩肥。以猪、牛、马、羊、鸡、鸭等畜禽的粪尿为主与秸秆等垫料堆积并经微生物作用而成的一类有机肥料。

（5）沼气肥。在密封的沼气池中，有机物在嫌气条件下经微生物发酵制取沼气后的副产物，主要有沼液和沼渣两部分组成。

（6）绿肥。以新鲜植物体就地翻压、异地施用或经沤、堆后而成的肥料，主要分为豆科绿肥和非豆科绿肥两大类。

（7）作物秸秆肥。以麦秸、稻草、玉米秸、豆秸、油菜秸等直接还田的肥料。

（8）饼肥。以各种含油分较多的种子经压榨去油后的残渣制成的肥料，如菜籽饼、棉籽饼、豆饼、芝麻饼、花生饼、蓖麻饼等。

（9）泥肥。以未经污染的河泥、塘泥、沟泥、港泥、湖泥等经嫌气微生物分解而成的肥料。

（10）土杂肥。主要包括垃圾肥、草木灰和窑灰、食品和纺织工业的有机副产品、骨粉或骨胶废渣、氨基酸残渣、家禽家畜加工废料、糖厂废料、海藻肥、食用菌菌渣等。

2. 商品有机肥

按国家法规规定，受国家肥料部门管理，以农家肥为主要原料加工而成，并以商品形式出售的肥料。包括商品有机肥、腐殖酸类肥、有机复合肥、叶面肥等。

（1）商品有机肥。以大量动植物残体、排泄物及其他生物废物为原料加工制成的商品肥料。

（2）腐殖酸类肥料。以含有腐殖酸类物质的泥炭（草炭）、褐煤、风化煤等经过加工制成含有植物营养成分的肥料

（3）有机复合肥。经无害化处理后的畜禽粪便及其他生物废物加入适量的微量营养元素制成的肥料。

（4）有机叶面肥。主要包括氨基酸类叶面肥等。

（二）无机肥料

无机肥料又称化学肥料或矿质肥料，是指用化学方法制造或者开采矿石，经过加工（含物理方法）制成的肥料，主要成无机盐形式的肥料，包括氮肥、磷肥、钾肥、中微肥、复合（混）肥料等。

1. 氮肥

氮肥主要为水稻提供氮素营养，无机氮肥主要包括铵态氮（碳酸氢铵、硫酸铵、氯化铵、氨水等）、硝态氮（硝酸铵、硝酸钠）、酰胺态氮肥（尿素）。

2. 磷肥

磷肥主要为水稻提供磷素营养，无机磷肥主要包括：水溶性磷肥（过磷酸钙、重过磷酸钙）、弱酸溶性（枸溶性）磷肥（钙镁磷肥、脱氟磷肥、钢渣磷肥等）、难溶性磷肥（磷矿粉等）。

3. 钾肥

钾肥主要为水稻提供钾素营养，无机钾肥主要包括氯化钾、硫酸钾等。

4. 中微肥

（1）无机中量元素。指中量元素含量较高，能为水稻提供中量元素钙、镁、硫的无机肥料，主要包括钙（石灰等）、镁（硫酸镁等）、硫（硫黄、石膏等）。

（2）无机微量元素肥。是指含有微量元素养分的无机肥料，常用的有硼肥（硼酸、硼砂等）、锌肥（硫酸锌、氯化锌等）、钼肥（钼酸铵、钼酸钠等）、锰肥（硫酸锰等）、铜肥（硫酸铜等）、铁肥（硫酸亚铁等）。

5. 复合（混）肥

复合（混）肥是指由化学方法或（和）混合方法制成的含作物营养元素氮、磷、钾中任何两种或三种的化肥。

（1）复合肥。一般指由化学方法制成的含作物营养元素氮、磷、钾中任何两种或三种的化肥。如磷酸一铵、磷酸二铵、硝酸钾、磷酸二氢钾等。

（2）复混肥。一般是指多种肥料通过掺混等物理方法制成含作物营养元素氮、磷、钾中任何两种或三种的化肥，也叫掺混肥，主要有无机复混肥（包括氮、磷、钾二元复混肥和三元复混肥及除含三元肥外还含微量元素肥的全元肥）、有机无机复混肥等。

6. 缓控释肥

缓控释肥是指通过各种调控机制使其养分最初缓慢释放，延长作物对其有效养分吸收利用的有效期，使其养分按照设定的释放率和释放期缓慢或控制释放的肥料，其中缓释肥主要控制养分释放速率，延长养分有效期，控释肥则通过调控养分释放促使养分释放曲线与作物需求相一致。这类肥料具有提高化肥利用率、减少施肥量与施肥次数等优点，是肥料产业的发展方向之一。

7. 有益元素肥

硅不是作物生长必需的元素，但对促进作物生长有很重要的作用，因此，被认为是继氮、磷、钾之后的第四大元素，特别是对水稻生长有重要作用，不仅可以提供养分，又可改良土壤，还兼有防病、防虫和减毒的作用，在水稻清洁生产施肥中具有重要地位。常用的硅肥有硅酸钠、硅酸钙和含硅废渣等。

（三）生物肥料

生物肥料是指通过生物（主要是微生物）的作用，为作物提供特定养分或促进作物对养分吸收的一类肥料。可分为狭义的生物肥料和广义的生物肥料。

1. 狭义生物肥料

狭义的生物肥料是指微生物（细菌）肥料，简称菌肥，又称微生物接种剂，它本身不含营养元素，不能代替化肥。它是由具有特殊效能的微生物经过发酵（人工培制）而成的，含有大量有益微生物，施入土壤后，或能固定空气中的氮素，或能活化土壤中的养分，改善植物的营养环境，或在微生物的生命活动过程中，产生活性物质，刺激植物生长的特定微生物制品。包括根瘤菌肥料、固氮菌肥料、磷细菌肥料、硅酸盐细菌肥料、复合微生物肥料。

2. 广义生物肥料

广义的生物肥料泛指利用生物技术制造的、对作物具有特定肥效（或有肥效又有刺激作用）的生物制剂，其有效成分可以是特定的活生物体、生物体的代谢物或基质的转化物等，这种生物体既可以是微生物，也可以是动、植物组织和细胞。一般既含有作物所需的营养元素，又含有微生物的制品，是生物、有机、无机的结合体，它可以代替化肥，提供农作物生长发育所需的各类营养元素。

二、选用总体要求与原则

（一）总体要求

清洁生产要求我们在选择肥料时既要满足水稻产量和品质形成对养分的需求，又要对生态环境无污染或轻污染的肥料品种。因此，选择肥料有以下几点要求：一要选用通过国家有关部门认证及生产许可，并经检测符合相关肥料标准的合格肥料（如绿色水稻要求选用通过绿色食品生产资料认证的肥料），严禁使用没有登记或质量不达标的肥料；二要尽可能选用生产过程节能减排的肥料，以减少肥料生产过程对环境的污染；三要尽量选用在满足水稻生长对养分需求同时，还可以改良土壤结构，增加土壤肥力水平的肥料；四要尽量选用水稻吸收利用效率高、流失挥发少的肥料（如缓控释肥、长效肥等）以促进肥料吸收，提高肥料利用率，减少环境污染；五要选用有机污染物和重金属含量不超标的肥料，以减少施肥对土壤的污染；六是严禁选用硝态氮肥或以硝态氮肥为原料的复合（混）肥。

（二）选用原则

1. 许可原则

要根据有机水稻、绿色水稻、无公害水稻 3 种清洁生产模式的不同要求，选用 3 种生产模式允许使用的肥料类型和品种，如有机水稻除能通过认证微量元素肥料和叶面肥及煅烧磷酸盐、硫酸钾外，不能使用任何化学合成的肥料，只能经有关部门认定在有机肥上可以使用动植物源有机肥和生物肥料。绿色水稻除可使用有机水稻允许使用的肥料外，还可使用经过认定符合绿色水稻生产要求的肥料，并可限量和规范使用合格的氮、磷、钾化学肥料，要求严禁使用的肥料坚决不能用。

2. 需求原则

肥料选用要根据水稻对不同养分的需求量、需肥规律、土壤养分供应状况、肥料性质、施肥技术等综合因素，以满足水稻生长对养分的需求为目的，科学搭配肥料种类和品种，实行平衡施肥和精准施肥。保障养分能均衡而适量的供应水稻生长需要，防止肥料偏施或数量不适宜导致养分不平衡或养分失调而影响水稻产量和品质，以促进水稻对养分的吸收利用，提高肥料利用效率，减少肥料损失。

3. 循环原则

水稻清洁生产一个最主要的特征就是循环可持续，因此，在肥料选用过程中一定要充分遵循资源循环利用的原则。农业生产过程中产生的废弃物资源要尽可能地还田利用，实现养分循环利用，变废为宝，清洁环境。水稻生产过程中产生的稻秆、稻糠、谷壳等废弃物资源，含有水稻生长需要的养分，是水稻生产的重要养分资源，随意丢弃或焚烧不仅浪费养分，而且污染环境，应尽可能还田利用，对其他农业生产过程产生的农家肥如厕肥、堆肥、沤肥、饼肥、沼液、沼渣等要作为水稻生产的重要养分来源，尽可能还田利用，以替代部分化肥，减少化肥投入量和农业废弃物对环境的污染。

4. 无害原则

水稻清洁生产肥料的选用还必须遵循无害的原则，一方面选用的肥料对水稻生长发育和产量品质形成没有不利影响，也不会增加稻米的安全风险，另一方面选用的肥料也要求施用后对环境不会产生污染。在肥料选用时，除要求选择允许使用的种类和品种外，还要求选用的肥料对水稻生长和环境无害，因此，选用的肥料的重金属含量、卫生指标、有机有害物含量等必须符合相关标准要求。酸性稻田不能长期选用酸性肥料，绿肥、人畜粪尿等各类有机肥必须充分腐熟，以减少施肥对水稻生长的不利影响，减轻施肥对环境的污染。

5. 养地原则

水稻清洁生产不仅要求水稻生产过程不会污染环境，而且要保障水稻能持续优质丰产，因此，在肥料选用时，要求多选用一些能改善土壤结构，提高土壤肥力水平，增强稻田综合生产能力的肥料。有机肥养分全面，有机质含量高，有很好的培肥改土效果，对水稻持续丰产和改善品质都有很好的作用，应根据不同生产模式的要求，增加有机肥施用。有机水稻基本上不施无机氮肥，氮肥全部来源于有机肥，绿色水稻的有机氮施用量应占总施氮量的50%以上，无公害水稻的有机氮施用量应占总施氮量的30%以上。生物肥料可以增加土壤中养分的供应，提高土壤的生物活性，加速土壤中有机有害物的降解，有较好的清洁土壤效果，也是很好的养地肥料，提倡施用。

三、允许施用的肥料

（一）有机水稻

1. 允许使用的肥料种类

有机水稻要求不能使用任何化学合成的物质，因此，肥料只能选用来自动植物和微生物本身及其天然矿物等自然界天然存在的物质，主要包括有机肥料、生物肥料及通过物理方法加工的无机肥料（矿物来源），表3-1列出了有机水稻主要允许使用的肥料种类。

2. 允许使用肥料的要求

在表3-1中所列的允许使用的肥料种类中，并不一定都能使用，必须是符合相关要求并经过认定的才能使用。如果表3-1中列出的肥料质量不达标也不能使用。

（1）有机肥。农家肥一般需要通过发酵充分腐熟后才能使用，具体要求如下：粪尿肥、饼肥、沤肥等要腐熟后才能使用，堆肥、厩肥要达到表3-2、沼肥要达到表3-3的卫生标准才能使用，绿肥要提早15~20d翻埋，秸秆一般要求堆沤腐熟后还田，若鲜草直接还田要控制用量，而且带病秸秆不能直接还田。商品有机肥料必须通过国家有关部门的登记认证及生产许可，质量指标应达到国家有关标准的要求。

表3-1　有机水稻允许使用的土壤培肥和改良物质（摘自NY/T 2410—2013）

物质类别	物质名称、组分和要求	使用条件
植物和动物来源	植物材料（如作物秸秆、绿肥、稻壳及副产品）	非转基因植物材料
	畜禽粪便及其追肥（包括圈肥）	集约化养殖场粪便慎用
	畜禽粪便和植物材料的厌氧发酵产品（沼肥）	集约化养殖场粪便慎用
	海草或物理方法生产的海草产品	仅直接通过下列途径获得：物理过程（包括脱水、冷冻和研磨）；用水或酸和（或）碱溶液提取；发酵
	来自未经化学处理木材的木料、树皮、锯屑、刨花、木灰、木炭及腐殖酸物质	地面覆盖或堆制后作为有机肥源

（续表）

物质类别	物质名称、组分和要求	使用条件
	动物来源的副产品（如肉粉、骨粉、血粉、蹄粉、角粉、皮毛、羽毛和毛发粉、鱼粉、牛奶及奶制品等）	未添加禁用物质，经过堆制或发酵处理
	不含合成添加剂的食品工业副产品	经堆制并充分腐熟后
	食用菌培养废料和蚯蚓培养机制的堆肥	培养基的初始原料限于本表中的产品，经堆制并充分腐熟后
	草木灰、稻草灰、木炭、泥炭	作为薪柴燃烧后的产品、不得露天焚烧
	饼粕、饼粉	不能使用经化学方法加工的；非转基因
	食品工业副产品	经过堆制或发酵处理
矿物来源	磷矿石	天然来源，未经化学处理，五氧化二磷中镉含量$\leqslant 90mg \cdot kg^{-1}$
	钾矿粉	天然来源，未经化学方法浓缩，氯的含量<60%
	硼砂、石灰石、石膏和白垩、黏土（如珍珠岩、蛭石等）、硫黄、镁矿粉	天然来源，未经化学处理、未添加化学合成物质
微生物来源	可生物降解的微生物加工副产品，如酿酒和蒸馏酒行业的加工副产品	未添加化学合成物质
	天然存在的微生物提取物	未添加化学合成物质

表3-2 高温堆肥卫生标准

项目	卫生标准及要求
堆肥温度	最高堆温达50~55℃，持续5~7d
蛔虫卵死亡率	95%~100%
粪大肠菌值	$10^{-2} \sim 10^{-1}$
苍蝇	有效地控制苍蝇孳生，肥堆周围没有活的蛆、蛹或新羽化的成蝇

表3-3 沼气发酵肥卫生标准

项目	卫生标准及要求
密封贮存期	30d 以上
高温沼气发酵温度	(53±2)℃持续2d

（续表）

项目	卫生标准及要求
寄生虫卵沉降率	95%以上
血吸虫卵和钩虫卵	在使用粪液中不得检出活的血吸虫卵和钩虫卵
粪大肠菌值	普通沼所发酵 10^{-4}，高温沼气发酵 $10^{-2} \sim 10^{-1}$
蚊子、苍蝇	有效地控制蚊蝇孳生，粪液中无孑孓，池的周围无活的蛆蛹或新羽化的成蝇
沼气池残渣	经无害化处理后方可用作农肥

（2）生物肥料。狭义的生物肥料，即微生物肥料中有效活菌的数量应符合有关标准指标；广义的生物肥料必须通过国家有关部门的登记认证及生产许可、质量指标应达到国家有关标准的要求。

（3）矿物源无机肥。必须是来自天然，采用非化学方法加工，并通过国家有关部门的登记认证及生产许可、质量指标应达到国家有关标准的要求。

（二）绿色水稻

绿色水稻可以使用有机水稻允许使用的所有肥料品种，在施用这些肥料品种不能满足生产需要时，可以限量施用部分化学合成的肥料或有机无肥复合（混）肥，但化肥必须与有机肥配合施用，且有机氮比例要求达到 50%以上，同时，禁止使用硝态氮肥；也可以限量施用经过无害化处理，且质量达到国家相关标准由城市生活垃圾加工而成的肥料，每年农田限制用量为：黏性土壤不超过 $45t \cdot hm^{-2}$，沙性土壤不超过 $30t \cdot hm^{-2}$。所有商品肥料及新型肥料必须通过国家有关部门的登记认证及生产许可、质量指标应达到国家有关标准的要求。

（三）无公害水稻

无公害水稻可以使用绿色水稻允许使用的所有肥料品种，但化肥必须与有机肥配合施用，且有机氮比例要求达到 30%以上，禁止施用含有转基因成分的有机肥、医院和污染企业垃圾及有害污泥加工的有机肥、含有激素和植物生长节剂的叶面肥。所有商品肥料及新型肥料必须通过国家有关部门的登记认证及生产许可、质量指标应达到国家有关标准的要求。

第二节　农药选用技术

农药是水稻生产的重要投入品，喷施农药是控制水稻病虫草害发生的有效措施，对减少水稻的病虫草害损失发挥了重要作用，但农药也是水稻生产的主要污染源，不合理施用农药不仅导致环境污染，而且增加稻米的安全风险，影响消费者身体健康。因此，科学选用农药是清洁生产的重要措施。

一、农药的种类

农药按其作物分为杀虫剂、杀菌剂和除草剂 3 类，但按其来源可分为生物源农药、矿物源农药、有机合成的化学农药 3 类，按其来源可以更好地反映农药的安全性，在水稻清洁生产中更有意义。

（一）生物源农药

生物源农药指直接利用生物活体或生物代谢过程中产生的具有生物活性的物质或从生物体提取的物质作为防治病虫草害的农药，又称为生物农药。主要包括 3 类：一是微生物源农药，包括农用抗生素（如农抗 120、井冈霉素等）、活体微生物农药（如苏云金杆菌等真菌剂、拮抗菌剂、昆虫病原线虫、核多角体病毒等病毒、微孢子等）；二是动物源农药，包括昆虫信息素或称昆激素（如性信息素）、活体制剂（赤眼蜂、瓢虫等天敌动物）；三是植物源农药，包括杀虫剂（如除虫菊素、鱼藤酮、烟碱、植物油乳剂等）、杀菌剂（如大蒜素等）、拒避剂（如印楝素、苦楝、川楝素等）。

（二）矿物源农药

矿物源农药指有效成分起源于矿物的无机化合物和石油类农药。主要包括硫制剂（如硫黄、石硫合剂等）、铜制剂（硫酸铜、氢氧化铜、波尔多液等）、矿物油乳剂（如石油乳剂等）。

（三）有机合成农药

有机合成农药指由人工研制合成，并由有机化学工业生产的商品化的一类农药，又称为化学农药。化学农药种类繁多，按其成分主要分为：有机氯类、有机磷类、拟除虫菊酯类、氨基甲酸酯类、取代苯类、有机硫类、卤代烃类、酚类、羧酸及其衍生物类、取代醇类、季铵盐类、醚类、苯氧羧酸类、酰胺类、脲类、磺酰脲类、三氮苯类、肟类、有机金属类以及多种杂环类等。

二、农药选用的原则

（一）优先采用非农药措施

"是药三分毒"，不管何种来源的农药，都对稻田生态系统或稻田外生态环境多多少少有不良影响，因此，能不用农药就能达到控制病虫草害指标时尽量不用农药。应优先采取非农药措施，包括优先采用农业措施（如选用抗病虫品种、非化学药剂种子处理、培育壮苗，加强栽培管理、灌水灭虫草、打捞菌核）、物理措施（利用灯光或彩色板诱杀害虫、机械捕捉害虫、布网育秧阻挡害虫）、生物措施（稻田养鸭、稻田养鱼、种植引诱植物）等。通过这些措施如能达到控制指标，则不再使用农药，是水稻清洁生产的理想选择，如达不到控制指标，再选用农药防治，也能减少农药用量。

（二）优先选用非有机合成农药

在必须使用农药才能达到病虫草害控制指标时，也要优先选用生物源农药、矿物源农药或其他天然物质，因为相对有机合成的化学农药，生物源农药或矿物源农药对环境污染小，安全性更好。只有在允许有限使用有机合成农药的绿色水稻和无公害水稻生产模式中，且在施用生物源和矿物源农药还达不到控制指标时，才选用化学农药。

（三）优先选用对水稻和环境危害小的有机合成农药

在绿色水稻和无公害水稻生产时，如确实需要采用有机合成的农药才能控制病虫草害，也可以选择一些合适有机合成的农药，但要尽量选用低毒、广谱、低残留、高效的农药，以减少农药对稻米和环境的污染。而绝不能为了强调药效而采用高毒、难降解等对环境和稻米污染大的农药。

（四）不得选用国家禁止使用的农药和不合格的农药

在水稻清洁生产过程中，要根据有机、绿色、无公害3种生产方式对农药的不同要求选择合适的农药，不能选用国家禁止使用的农药。同时，选用的农药必须经国家登记许可，并符合相关规定标准，不得选用质量不合格的农药。

（五）提倡交替轮换选择用农药

同一作用机理的农药或同一种农药不能长期在同一地区使用，以免导致水稻病虫害抗药性增强而影响农药的药效，同时，对重金属含量高的矿物源农药也不能长期使用，以免导致土壤重金属积累。提倡不同种类、不同作用机理农药合理轮换使用。

三、农药选用

（一）有机水稻

有机水稻禁止使用有机合成的化学杀虫剂、杀螨剂、杀菌剂、杀线虫剂、除草剂和植物生长调节剂；禁止使用生物源、矿物源农药中混配有机合成农药的各种制剂；严禁使用基因工程品种（产品）及制剂。允许使用中等毒性以下植物源农药，释放寄生性、捕食性天敌动物，在害虫捕捉器中使用昆虫信息素及植物源引诱剂，使用矿物油和植物油制剂，使用矿物源农药中的硫制剂、铜制剂，允许有限度地使用经专门机构核准的活体微生物农药及其他一些物质（表3-4）。

（二）绿色水稻

有机水稻允许使用的生物源农药和矿物源农药及其他物质，绿色水稻种植过程中都允许使用。在有机水稻上允许使用的农药不能满足植保要求时，允许有限度地使用部分有机合成农药，但严禁使用大田作物禁止使用的农药（表3-5）和剧毒、高毒、高残留或具有三致毒性（致癌、致畸、致突变）的农药（表3-6），严禁使用基因工程品种（产品）及制剂。应选用低毒和中等毒性农药，且每种有机合成农药在水稻生长期内只允许使用一次。

（三）无公害水稻

绿色水稻允许使用的各类农药和物质，无公害水稻都允许使用，在绿色水稻允许使用的农药达不到植保要求时，允许使用符合 GB/T 8321 的相关规定的农药（表3-7至表3-9），但严禁选用国家禁止在大田作物上使用的农药。

表3-4　有机水稻生产中允许使用的物质（摘自 NY/T 2410—2013）

物质类别	物质名称、组分和要求	主要适用与使用条件
植物和动物来源	楝素（苦楝、印楝等提取物）	杀虫剂。防治螟虫（二化螟、三化螟）
	天然除虫菊（除虫菊科植物提取液）	杀虫剂。防治稻飞虱、白背飞虱等虫害
	苦楝碱及氧化苦参碱（苦参等提取液）	光谱杀虫剂。防治螟虫、飞虱、蚜虫等虫害
	鱼藤酮类（如毛鱼藤）	杀虫剂。防治稻蓟马、蚜虫等虫害
	蛇床子素（蛇床子提取物）	杀真菌剂、杀虫剂。防治稻曲病、白叶枯病、细菌性条斑病
	天然酸（如食醋、木醋和竹醋等）	杀菌剂。防治水稻细菌性病害，因地制宜

（续表）

物质类别	物质名称、组分和要求	主要适用与使用条件
植物和动物来源	水解蛋白质	引诱剂。只在批准使用的条件下，并与本表的适当产品结合使用。具杀虫效果，因地制宜
	具有趋避作用的植物提取物（大蒜、薄荷、辣椒、花椒、薰衣草、柴胡、艾草的提取物）	驱避剂。水稻主要病虫害防治，因地制宜
	昆虫天敌（如赤眼蜂、瓢虫、草蛉等）	赤眼蜂防治各类螟虫，瓢虫防治蚜虫、稻飞虱，草蛉防治蚜虫、介壳虫、螟虫等
矿物来源	氢氧化钙（石灰水）	杀真菌剂、杀虫剂。3%~5%石灰水防治稻曲病、穗腐病、黑穗病等
	硫黄	杀真菌剂、杀螨剂、驱避剂。大棚育秧熏蒸用
	硅藻土	杀虫剂。仓库虫害，因地制宜
微生物来源	真菌及真菌提取物（如白僵菌、轮枝菌、木霉菌等）	杀虫剂、杀菌剂、除草剂。水稻主要病虫草害综合防治，因地制宜
	细菌及细菌提取物（如苏云金芽孢杆菌、枯草芽孢杆菌、蜡质芽孢杆菌、地衣芽孢杆菌、荧光假单孢杆菌等）	杀虫剂、杀菌剂、除草剂。水稻主要虫害防治，因地制宜
	病毒及病毒提取物（如核型多角体病毒、颗粒体病毒等）	杀虫剂。水稻主要病虫草害综合防治，因地制宜
其他	二氧化碳	杀虫剂。用于贮存设施，因地制宜
	乙醇	杀菌剂。防治水稻真菌性病害，因地制宜
	海盐和盐水	杀菌剂。仅用于水稻种子处理
	昆虫性诱剂	仅用于诱捕器和散发皿内。水稻虫害防治
	磷酸氢二铵	引诱剂。只限于诱捕器中使用

表3-5　国家禁止在大田作物生产中使用的农药（摘自 NY/T 2798.2—2015）

类别	名称
有机氯类	六六六、滴滴涕、毒杀芬、艾氏剂、狄氏剂
有机磷类	甲胺磷、甲基对硫磷、对硫磷、久效磷、磷胺、苯线磷、地虫硫磷、甲基硫环磷、磷化钙、磷化镁、磷化锌、硫线磷、蝇毒磷、治螟磷、特丁硫磷
有机氮类	杀虫脒、敌枯双
除草剂类	除草醚、氯磺隆、胺苯磺隆单剂、胺苯磺隆复配制剂、甲磺隆单剂、甲磺隆复配制剂
其他	二溴氯丙烷、二溴乙烷、汞制剂、砷类、铅类、氟乙酰胺、甘氟、毒鼠强、氟乙酸钠、毒鼠硅、氟虫腈、丁酰肼、福类肿和福美甲肿

　　注：以上为截至2014年11月30日国家公告禁止在大田作物生产中使用的农药目录，之前国家新公告的大田作物上禁止使用的农药目录，需从其规定

表 3-6　绿色食品生产禁止使用的农药

农药类型	农药种类	禁用作物	禁用原因
拟除虫菊酯类杀虫剂	所有拟除虫菊酯类杀虫剂	水稻及其他水生作物	对水生生物毒性大
卤代烷类熏蒸杀虫剂	二溴乙烷、环氧乙烷、二溴氯丙烷、溴甲烷	所有作物	致癌、致畸、高毒
阿维菌素		蔬菜、果树	高毒
克螨特		蔬菜、果树	慢性毒性
有机砷杀菌剂	甲基胂酸锌（稻脚青）、甲基胂酸钙胂（稻宁）、甲基胂酸铵（田安）、福美甲胂、福美胂	所有作物	高残毒
有机锡杀菌剂	三苯基醋锡（薯瘟锡）、三苯基氯化锡、三苯基羟基锡（毒菌锡）	所有作物	高残留、慢性毒性
有机汞杀菌剂	氯化乙基汞（西力生）、醋酸苯汞（赛力散）	所有作物	剧毒、高残毒
有机磷杀菌剂	稻瘟净、异稻瘟净	水稻	异臭
取代苯类杀菌剂	五氯硝基苯、稻瘟醇（五氯苯甲醇）	所有作物	致癌、高残留
2，4-D 类化合物	除草剂或植物生长调节剂	所有作物	杂质致癌
二苯醚类除草剂	除草醚、草枯醚	所有作物	
植物生长调节剂	有机合成的植物生长调节剂	蔬菜生长期（可用于土壤处理与芽前处理）	
除草剂	各类除草剂	蔬菜生长期（可用于土壤处理与芽前处理）	
有机磷杀虫剂	甲拌磷、乙拌磷、久效磷、对硫磷、甲基对硫磷、甲胺磷、甲基异柳磷、治暝磷、氧化乐果、磷胺、地虫硫磷、灭克磷（益收宝）、水胺硫磷、氯唑磷、硫线磷、杀扑磷、特丁硫磷、克线丹、苯线磷、甲基硫环磷	所有作物	剧毒、高毒

表3-7　无公害水稻允许使用的主要杀虫剂

通用名	商品名	剂型及含量	主要防治对象	每667m² 每次制剂施用量或稀释倍数（有效成分浓度）	施药方法	最多使用次数	安全间隔期(d)	实施要点	最高残留限量值(mg·kg⁻¹)
杀虫单		80%可溶性粉剂	二化螟	56.3~67.5g	喷雾	2	30		糙米0.2
			稻纵卷叶螟	35~50g					
氟虫腈		25%悬浮种衣剂	稻瘿蚊、叶蝉、稻蓟马	320g·100kg⁻¹种子 640g·100kg⁻¹种子	拌种				糙米0.04
吡虫啉	康福多	20%浓可溶剂	稻飞虱	100~150ml	喷雾	2	7		糙米0.2
醚菊酯	多米宝	20%乳油	稻飞虱	30~45ml（6~9g）	喷雾	2	14		糙米0.5
杀螺胺	百螺杀	70%可湿性粉剂	福寿螺	28~38g（19.6~23.1g）	喷雾	2	52		糙米3
丁硫克百威	好年冬	35%种衣剂	蓟马	0.6~1.2g·100kg⁻¹种子（0.2~0.4g·100kg⁻¹种子）	包衣	1			糙米0.2
			稻瘿蚊	1.7~2.3g·100kg⁻¹种子（0.6~0.8g·100kg⁻¹种子）					
多噻烷	—	30%乳油	稻瘿蚊、稻纵卷叶螟、稻苞虫等	120~170ml	喷雾	3	14	—	糙米0.1
醚菊酯	多米宝	5%可湿性粉剂	稻飞虱、叶蝉	80~120g	喷雾	3	14	—	糙米0.5
		10%悬浮剂	稻象甲	40~60ml					

（续表）

通用名	商品名	剂型及含量	主要防治对象	每667m² 每次制剂施用量或稀释倍数（有效成分浓度）	施药方法	最多使用次数	安全间隔期(d)	实施要点	最高残留限量值(mg·kg⁻¹)
恶霉灵	土菌消	30%水剂	立枯病	3~6ml·m⁻²苗床（0.9~1.8g·m⁻²苗床）	浇施	3		秧田播前至苗期施	糙米0.5
灭瘟素	勃拉益斯	2%乳油	稻瘟病	75~100ml（1.5~2g）	喷雾	3	7		糙米0.05
噻嗪酮	优乐得、扑虱灵、稻虱净	25%可湿性粉剂	稻飞虱等	20~30g（5~7.5g）	喷雾	2	14		糙米0.3
丙硫克百威	安克力	5%颗粒剂	螟虫等	2000~2500g（100~125g）	撒施	1	60	一般只在秧田施	糙米0.2
杀虫环	易卫杀	5%可溶性粉剂	稻螟、稻纵卷叶螟、稻苞虫等	50~100g（2.5~5g）	喷雾	3	15		糙米0.1
稻丰散	爱乐散	50%乳油	稻飞虱、叶蝉、负泥虫等	66~132ml（33~60g）	喷粉	3	7		糙米0.5
异丙威	叶蝉散、灭扑散	2%粉剂	稻飞虱、叶蝉等	1500~3000g（30~60g）	喷粉	3	11		糙米0.2
杀螟硫磷	杀螟松、速灭松	50%乳油	稻螟、稻纵卷叶螟等	50~100ml（25~50g）	喷雾	3	21		糙米0.1
仲丁威	巴沙	50%乳油	叶蝉、稻飞虱等	80~160ml（40~80g）	喷雾	3	21		糙米0.3
喹硫磷	爱卡士	25%乳油	螟虫、稻飞虱、蓟马、叶蝉等	150~200ml（37.5~50g）	喷雾	3	14		糙米0.2

注：摘自 GB/T 8321 农药合理使用准则（1~9）

表3-8　无公害水稻允许使用的主要杀菌剂

通用名	商品名	剂型及含量	主要防治对象	每667m² 每次制剂施用量或稀释倍数（有效成分浓度）	施药方法	最多使用次数	安全间隔期(d)	实施要点	最高残留限量值(mg·kg⁻¹)
咪鲜胺		45%乳油	恶菌病	2 600~7 200 倍液（62.5~173mg·L⁻¹）	浸种			浸种（南方3d,北方5d）	糙米 0.5
己唑醇		5%悬乳剂	纹枯病	80~100ml	喷雾	2	45		糙米 0.1
萎锈灵+福美双		40%胶悬剂（萎锈灵20%+福美双20%）	水稻苗期病害	400~500ml（每100kg种子）	拌种				糙米:萎锈灵0.2 福美双1
咪鲜胺		25%乳油	恶苗病	2 000~4 000 倍液（63~125mg·L⁻¹）	浸种	1		浸种48h	糙米 0.5
稻瘟酯	净种灵	20%可湿性粉剂	恶苗病	200~400 倍液（500~1 000mg·L⁻¹）	浸种			播种前浸种24h	糙米 0.005
苯嘧磺隆	农得时	10%可湿性粉剂	阔叶杂草及莎草	13~25g	毒土或喷雾	1		插秧后5~7d施,保水一周	糙米 0.02
丁、戊、己二酸铜	琥胶肥酸铜（二元酸铜）	30%悬浮剂（有效铜）	稻曲病	100~150ml	喷雾	2		稻穗破口前喷施	糙米中铜含量20
甲基硫菌灵	甲基托布津	50%悬乳剂	稻瘟病、纹枯病	100~150ml	喷雾	3	30	不能与铜制剂混用	糙米 0.1
		70%可湿性粉剂		100~143g（70~100g）					

（续表）

通用名	商品名	剂型及含量	主要防治对象	每667m² 每次制剂施用量或稀释倍数（有效成分浓度）	施药方法	最多使用次数	安全间隔期（d）	实施要点	最高残留限量值（mg·kg⁻¹）
灭锈胺	纹达克	75%可湿性粉剂	纹枯病	66.7~75g（50~56.25g）	喷雾	2	30		糙米1
春雷霉素	加收米	2%液剂	稻瘟病	80~100ml（1.6~2g）	喷雾	3	21		糙米0.01
敌瘟磷	克瘟散	40%乳油	稻瘟病	75~100ml（30~40g）	喷雾	3	21		糙米0.1
四氧苯酞（稻瘟酞）	热必斯	50%可湿性粉剂	稻瘟病	64~100g（32~50g）	喷雾	4	21		糙米1
稻瘟灵	富士一号	40%乳油	稻瘟病	66.5~100mg（26.6~40g）	喷雾	早稻3 晚稻2	早稻14 晚稻28		糙米2
三环唑	比艳	40%可湿性粉剂 75%可湿性粉剂	稻瘟病	20~27g（15~20.25g）	喷雾	2	21		糙米2

注：摘自 GB/T 8321 农药合理使用准则（1~9）

表3-9 无公害水稻允许使用的主要除草剂

通用名	商品名	剂型及含量	主要防治对象	每667m² 每次制剂施用量或稀释倍数（有效成分浓度）	施药方法	最多使用次数	实施要点	最高残留限量值（mg·kg⁻¹）
二氯喹啉酸		25%悬浮剂	稗草	53.3~100ml	喷雾	1	水稻移栽后7~10d施药	糙米0.5

（续表）

通用名	商品名	剂型及含量	主要防治对象	每667m² 每次制剂施用量或稀释倍数（有效成分浓度）	施药方法	最多使用次数	实施要点	最高残留限量值（mg·kg⁻¹）
四唑嘧磺隆		20%水分散粒剂	阔叶杂草及莎草	1.33~2.67g	毒土撒施	1	水稻移栽后7~12d撒施于水稻田中	糙米 0.1
丙草胺		50%乳油	一年生禾科杂草、莎草部分阔叶杂草	900~1050ml	撒施毒土	1	水稻移栽后5~10d毒土撒施1次	糙米 0.1
氰氟草酯		10%乳油	稗草、千金子等禾本科杂草	60~900ml	茎叶喷雾		直播田内，秧苗2~3叶期，喷施	糙米 0.1
异恶草酮		36%微囊悬浮剂	稗草、千金子等	419~525ml	撒施毒土	1	水稻移栽后5d	糙米 0.01
双草醚		10%悬浮剂	稗草、莎草及阔叶杂草	225~300ml（直播田南方地区）300~375ml（直播田北方地区）	喷雾	1	干稗草4~5叶期喷施1次	糙米 0.01
苄嘧磺隆+禾草丹	龙禾	35%~75%可湿性粉剂（苄嘧磺隆0.75%+禾草丹35%）	稗草、莎草及阔叶杂草	3000~4500g（南方）4500~6000g（北方）2250~3000g（秧田）	毒土或喷雾	1	移栽后7~10d毒土撒施或喷施	糙米：禾草丹0.2，苄嘧磺隆0.02
莎稗磷+乙氧磺隆	必宁特	30%可湿性粉剂（莎稗磷27%）乙氧磺隆3%	杂草	750~900g（长江以北的其他地区）900~1050g（东北）	毒土	1	移栽后7~10d毒土撒施长江以北不能用	糙米：莎稗磷0.1，乙氧磺隆0.01

（续表）

通用名	商品名	剂型及含量	主要防治对象	每667m²每次制剂施用量或稀释倍数（有效成分浓度）	施药方法	最多使用次数	实施要点	最高残留限量值（mg·kg⁻¹）
快恶草酮	稻思达	80%水分散粒剂	稗草莎草及阔叶杂草	75~124.95g	毒土	1	移栽后7~10d毒土撒施	糙米0.01
乙氧磺隆	太阳星	15%水分散粒剂	阔叶杂草及莎草	45~75g（华南）75~105g（长江流域）105~210g（东北华北地区）	毒土	1	移栽后7~10d施用	糙米0.01
环丙嘧磺隆	金秋	10%可湿性粉剂	阔叶杂草	150~400.5g	毒土或喷雾	1	移栽后7~10d施用	糙米0.05
醚磺隆	莎多伏	20%水分散粒剂	一年生阔叶杂草	90~150g	毒土	1	移栽后7~10d施用	糙米0.1
禾草丹	杀草丹	10%颗粒剂	一年生禾本科杂草	19950~30000g	毒土	1	移栽后7~10d施用	糙米0.2
莎稗磷	阿罗津	30%乳油	一年生禾本科杂草、莎草	900~1200ml	毒土或喷雾	1	移栽后7~10d施用	糙米0.1
异丙甲草胺	稻乐思	72%乳油	稗草等一年生禾本科杂草	10~20ml（7.2~14.4g）	喷雾	1	移栽后喷施或撒施毒土	糙米0.1
苄甲嘧磺隆	新得力	10%可湿性粉剂	阔叶杂草及一年生莎草等	4~7g（0.4~0.7g）	喷雾	1	移栽后7~10d喷施	糙米：甲嘧隆0.05、苄嘧磺隆0.02
环庚草醚	艾割	10%乳油	稗草、鸭舌草、异型莎草	13~20g（1.3~2g）	毒土或喷雾	1	水稻移栽后5~7d毒土或喷雾	糙米0.05

（续表）

通用名	商品名	剂型及含量	主要防治对象	每667m² 每次制剂施用量或稀释倍数（有效成分浓度）	施药方法	最多使用次数	实施要点	最高残留限量值（mg·kg⁻¹）
①禾草丹 ②西草净 ③西草净	杀草丹	57.5%乳油 ①50% ②7.5%	稗草、眼子菜等杂草	200~270ml	喷雾或毒土	1	施后保水一周，防眼子菜用高剂量	糙米: ①0.2, ②0.02
丙草胺	扫弗特	30%乳油	一年生杂草	100~115ml	喷雾或毒土	1	直播或秧田播后1~4d喷雾或毒土	糙米: 丙草胺0.1、安全剂0.05
禾草特	杀克尔	70%乳油	稗草、牛毛草等	130~260ml	喷雾或毒土	1	播前或插秧后3~5d喷雾或撒毒土，保水一周	糙米 0.1
禾草特 西草净 二甲四氯	和田净	78.4%乳油	一年生杂草	200~255ml (156.8~199.92g)	撒施	1	插秧苗后1~18d内拌细沙10kg撒施	糙米: 禾草特0.1、西草净0.02
净哌磷混剂	威罗生	50%乳油	一年生杂草	160~200ml (80~100g)	撒施	1	插秧后15d内拌细沙土撒施	糙米: 甲丙乙净0.05、哌草磷0.05
乙氧氟草醚	果尔	23.5%乳油	一年生杂草	10~20ml (2.35~4.7g)	撒施	1	插秧后3~7d, 拌细土10~15kg撒施	糙米 0.05
哌草丹	优克稗	50%乳油	稗草	150~267ml (75~133.5g)	撒施	1	播后1~4d或插秧后3~7d拌细沙撒施	糙米 0.03
灭草松	排草丹、苯达松	48%液剂	莎草科杂草及阔叶杂草	133~200ml (63.84~96g)	喷雾	1	插秧后20~30d, 杂草3~5叶期, 排水后施	糙米 0.1

（续表）

通用名	商品名	剂型及含量	主要防治对象	每667m² 每次制剂施用量或稀释倍数（有效成分浓度）	施药方法	最多使用次数	实施要点	最高残留限量值（mg·kg⁻¹）
恶草酮	农思它	25%乳油	一年生杂草	100~132ml (25~33g)	喷雾或毒土	1	播前或插秧后2~3d施	
		12%乳油		200~270ml (21~32.4g)	瓶洒			糙米0.05、稻草0.2
禾草敌	禾大壮	90.9%乳油	稗草、牛毛草等	146~220ml (133.3~200g)	喷雾或毒土	2	施药时避开雨天，施药后避免灌水	籽粒0.1
禾草丹	杀草丹	50%乳油	稗草、三棱草、鸭舌草、牛毛毡等一年生杂草	266~400ml (133~200g)	喷雾或毒土	2	播前或插秧后5~7d施	糙米0.2
丁草胺	马歇特	60%乳油	一年生杂草	83~142ml (49.8~85.2g)	喷雾或毒土	1	插秧前2~3d或插秧后4~6d施	糙米0.5
		5%颗粒剂		1 000~1 700g (50~85g)				

注：摘自 GB/T 8321 农药合理使用准则（1~9）

第三节 种子选用

种子是水稻生产重要的投入品之一。选用适合清洁生产要求的种子也是水稻清洁生产的重要措施之一。清洁生产对种子的要求主要包括种子质量要求和品种特性要求两部分。

一、种子质量要求

种子质量是水稻培养壮秧和高产稳产的重要保障和前提。清洁生产应选用经过所在省或国家审定，并明确可以在清洁生产基地所在区域推广的品种。最好在该区域试种成功的品种。同时，水稻的种子质量必须符合 GB 4401 的规定（表3-10）。

表3-10 水稻种子质量标准（GB 4401）

类型	级别	纯度（%）≥	净度（%）≥	发芽率（%）≥	水分（%）≤
常规种	原种	99	98	85	13.0（籼）
	良种	98			14.5（粳）
杂交种	一级	98	98	80	13.0
	二级	96			

二、品种特性要求

（一）品质优

品质优是水稻清洁生产种子选用时优先考虑的指标，因为清洁生产模式生产的大米安全性好，价格高，主要提供给高端消费群体。因此，稻米品质一定要优，特别是食味品质和外观品质一定要优。否则米质不优，米饭口感不好，消费者花高价买到的米却不好吃，就不愿再购买，在市场上就缺乏竞争力。一般要求清洁生产的食用大米要符合 GB/T 17891 的要求（表3-11），而且无公害水稻要求主要质量指标达到国标三级优质米以上，绿色水稻主要质量指标要达到国标二级米以上，有机水稻主要质量指标要达到国标一级米标准，有时个别指标达不到相应标准，但食味品质优、口感很好也行。糯稻谷则3种生产模式都要求达到表3-11中相应质量指标。

水稻清洁生产技术 ▶▶▶▶▶▶▶▶▶▶▶▶▶▶▶▶▶

表3-11 优质稻谷质量指标（GB/T 17891—1999）

类别	等级	出糙率（%）≥	整精米率（%）≥	垩白粒率（%）≤	垩白度（%）≤	直链淀粉（干基）（%）	食味品质分≥	胶稠度（mm）≥	粒型（长宽比）≥	不完善粒≤	异品种粒≤	黄粒米≤	杂质≤	水分≤	色泽气味
籼稻谷	1	79.0	56.0	10	1.0	17.0~22.0	90	70	2.8	2.0	1.0	0.5	1.0	13.5	正常
	2	77.0	54.0	20	3.0	16.0~23.0	80	60	2.8	3.0	2.0	0.5	1.0	13.5	
	3	75.0	52.0	30	5.0	15.0~24.0	70	50	2.8	5.0	3.0	0.5	1.0	13.5	
粳稻谷	1	81.0	66.0	10	1.0	15.0~18	90	80	—	2.0	1.0	0.5	1.0	14.5	正常
	2	79.0	64.0	20	3.0	15.0~19.0	80	70	—	3.0	2.0	0.5	1.0	14.5	
	3		62.0	30	5.0	15.0~20.0	70	60	—	5.0	3.0	0.5	1.0	14.5	
籼糯稻谷	—	77.0	54.0	—	—	≤2.0	70	100	—	5.0	3.0	0.5	1.0	13.5	正常
粳糯稻谷	—	80.0	60.0	—	—	≤2.0	70	100	—	5.0	3.0	0.5	1.0	14.5	正常

（二）稳产性好

除米质优外，清洁生产在选择品种时还应选择稳产性好的品种。清洁生产不一定要求水稻产量达到超高产目标。丰产性好、适应性广、稳产性好的品种更符合水稻清洁生产的要求。一般要求水稻品种对不良环境条件有强的适应性，对不良的气候和土壤条件的适应性较强，特别是耐低肥能力较强，在不同年份、不同土壤条件下都能表现出很好的稳产性。这样的品种一般分蘖能力较强、根系较发达，耐高低温、耐强弱光等能力均较强。

（三）抗性强

水稻清洁生产要求少用或不用有机合成的化学农药，因此，病虫害防控的压力相对较大，这就要求必须选用对病虫害抗性强的品种，特别是抗病害能力要强。一般要求选用对稻瘟病、稻曲病、纹枯病等主要病害和稻飞虱、二化螟、稻纵卷叶螟等主要虫害的抗性较强，以降低病虫害的发生风险，减少农药的用量和水稻因病虫害导致的产量损失。

（四）生育期适宜

清洁生产品种选用时还要重点考虑品种的生育期，应选择适宜种植区气候条件和种植制度的品种。生育期不能太长，以免增加极端气候条件危害的风险，生育期也不能过短，以免造成光、热、水等气候资源的浪费。应根据种植区的气候资源和茬口衔接来选择生育期适宜的品种，尽量使水稻生长处于一个较合适的气候环境下，特别是灌浆期的气候环境优越，以利于促进产量形成和米质改善，提高气候资源利用效率。

第四节　其他投入品选用

一、农膜

农用地膜是继化肥、农药、种子之后第四大水稻生产投入品，在水稻保温育秧中广泛应用，主要作用是提高膜内温度，是水稻提早播种和培育壮秧的重要措施。但农用地膜如果质量不达标，不但保温效果不明显，而且易破碎残留在稻田中，降低土壤通气性，阻挡养分和水分的传输，影响根系对养分和水分的吸收，不利于水稻的生长发育，造成农田"白色污染"。因此，农用地膜应选用正规厂家生产，质量达到 GB 13735 要求的地膜，要求地膜厚度达到

0.008mm 以上标准。由于蓝色膜更有利于提高秧苗的光合作用，促进壮秧和高产，因此，水稻育秧时应尽量选择蓝色地膜[3]；无滴膜能提高透光率，增加膜内光强；易降解膜能降低膜在土壤的残留时间，在选择农膜时应优先考虑。

二、育秧盘

随着水稻机插和抛秧技术的发展和普及，水稻育秧盘的用量也在不断增加，这些育秧盘很多是塑料制成的，和农膜一样会导致环境污染。清洁生产应选用正规厂家生产的合格育盘，尽量不要选用再生塑料制成的秧盘，以免破碎，污染环境。目前，有些企业开发出以农作物秸秆或植物纤维等为原料的易降解的育秧专用盘，这类秧盘在土壤中能被微生物降解，不会造成塑料秧盘那样的白色污染，应提倡在水稻清洁生产中优先选用。

三、育秧基质

随着机插育秧和抛秧技术的推广应用，很多企业开发出了直接用于水稻育秧的育秧基质，免去了农民在育秧时需要配制营养土的工序。目前育秧基质主要包括营养土、无土基质、混合基质3类，营养土基质主要是将土壤晒干打碎后加入肥料、调酸剂等配制而成；而无土基质则是利用农业废弃物或珍珠岩等自然资源加工而成，分为有机基质和无机基质；混合基质则是将有机基质与无机基质按一定比例混合而成或将营养土与无土基质混合而成的基质[4]。在育秧基质选择时，应当严格按照基质的原料来选择，依据清洁生产模式的要求，选择通过了有机、绿色或无公害等相关认证的育秧基质，或者根据清洁生产模式的肥料与农药选用要求选用适合不同生产模式的育秧基质：有机水稻禁止选用含有化学合成的肥料或有机合成的农药（含植物生长调剂）的育秧基质；绿色水稻禁止选用含有绿色水稻禁止使用农药的育秧基质，并且有机氮含量必须高于总氮的50%且不含硝态氮肥；无公害水稻禁止选用含有无公害水稻禁止使用农药的育秧基质，并且有机氮含量必须高于总氮的30%且不含硝态氮肥。

参考文献

[1] 彭春瑞，罗奇祥，陈先茂，等．双季稻丰产栽培的清洁生产技术[J]．杂交水稻，2010，25（1）：41-44.

［2］　刘宜柏，王海，程建峰，等．绿色大米生产及其产业化［M］．南昌：江西科学技术出版社，2004：41-57.

［3］　余让才，潘瑞炽．蓝光对水稻幼苗光合作用的影响［J］．华南农业大学学报，1996，17（2）：88-92.

［4］　林育炯，张均华，胡士华，等．我国水稻机插秧育秧基质研究进展［J］．中国稻米，2015，21（4）：7-13.

第四章　化肥减施控污技术

化肥是重要的农业生产物资，为保障水稻生产和稻米的有效供给发挥了重要作用。但近年来，化肥在水稻生产上的投入量已呈过多趋势，不仅增加了农业生产成本、浪费资源，也造成了稻田耕地板结、土壤酸化、稻米品质降低，对稻田生态系统及周围环境也造成了不利影响。因此，亟需用科学的方法，减少水稻上的化肥施用，提高肥料利用率，保护生态环境、提高土壤肥力，促进水稻生产的可持续发展。水稻化肥减施控污的技术途径主要有精准施肥、有机替代、肥料增效、高效控污施肥等。

第一节　精准施肥

水稻精准施肥技术[1]是指根据不同区域稻田土壤条件、水稻产量潜力和养分综合管理要求，精准制定各区域水稻施肥量，并在精准时间进行施肥，是目前减少盲目施肥，提高水稻肥料利用率和施肥经济效益，减少化肥损失的一种比较切实可行而有效的措施。但与美国把农业生产技术像工业生产工艺规程那样管理的精准施肥技术不同，美国1/5左右的耕地采用卫星定位，通过精准测土，提出施肥配方并进行精准施肥。他们的施肥机械田间作业时，由卫星监视机械行走的位置，并与控制施肥配方的电脑系统相联结，机械走到哪个土壤类型区，卫星信息系统就控制电脑采用哪种配方施肥模式。这种施肥是变量的、精确的，这是当今世界上最先进的科学施肥方法。我们现在的精准施肥技术，应当说还是一个过渡阶段，精准程度还有所欠缺，但发展趋势越来越科学。

一、水稻精准施肥的原则

水稻精确施肥需坚持如下原则：一是精准施肥技术是以土壤测试和肥料田间试验为基础的，因此要确保土壤采样的代表性和肥料田间试验的规范，样品需经权威部门检测，以确保数据的准确性，肥料也应选择正规厂家生产。二是水稻精准施肥技术是根据水稻需肥规律提出的，因此必须明确水稻的品种类型和生长的一些基本特性，才能做到因种施肥。三是精准施肥技术除了通过总结田间试验、土壤养分数据等，划分不同区域进行分区施肥，追肥还要根据田间长势和天气情况等进行灵活掌握。四是为了充分发挥精准施肥技术的增产作用和提高肥料经济效益，施肥措施还必须与其他栽培措施密切配合。

二、精准施肥技术

精准施肥技术主要包括精准施肥量和精准肥料运筹。水稻生长必需的最主要营养元素是氮、磷、钾。只有精准确定三要素肥料的施用量和肥料运筹，才能用最低的投入取得最佳的肥料效应。

（一）氮肥的精准施用量

1. 施氮量的确定

施氮量可用斯坦福（Stanford）公式求取，其基本公式为：

施氮量=（目标产量需氮量－土壤供氮量）/氮肥当季利用率

由于这种计算方法是以水稻需氮量与土壤供氮量为依据，而肥料施入土壤后的变化以及水稻根系对氮素的吸收是一个复杂的生物化学过程，并且受到气候等因素的影响。因此，其可靠性及实用程度就取决于各项估算参数的确定。所以需要通过田间试验，摸清土壤供肥量、需肥参数和肥料利用率等基本参数，并根据水稻生产实际对这些参数加以调整，从而不断提高精确度。

2. 施氮参数的确定

（1）目标产量需氮量。

目标产量需氮量=目标产量（$kg \cdot hm^{-2}$）×单位产量的氮吸收量（kg）

目标产量的确定可以依据当地水稻最近3年平均产量再增加10%~15%。

单位产量的氮吸收量可用高产水稻每100kg产量的需氮量求得。各地高产田100kg需氮量（表4-1）是不同的，因此应对当地的高产田实际吸氮量进行测定。

（2）土壤供氮量。土壤供氮量一般以无氮区水稻一生总吸氮量（无氮区单位面积稻谷产量×每100kg稻谷需氮量÷100）来表示。

表 4-1　几个省份高产田 100kg 稻谷需氮量比较[2]

省份	粳稻		籼稻	
	产量 （kg·hm⁻²）	100kg 稻谷需氮量 （kg）	产量 （kg·hm⁻²）	100kg 稻谷需氮量 （kg）
江苏	9 000	2.0（1.9~2.1）	10 500 以上	1.8 左右
	10 500~13 500	2.1（2.0~2.2）		
	12 000	1.95（杂交粳稻）		
安徽			10 500 以上	1.85
河南	11 250	1.9 左右		
贵州			11 250	1.75（1.7~1.8）
云南	12 000 以上	1.85（1.8~1.9）	12 000~19 305	1.75（1.7~1.8）
四川			10 500~11 250	1.7（1.65~1.75）
福建浦城			10 500	1.6（1.5~1.7）
江西（双季）			9 000	1.8（1.75~1.85）
广东（双季）			9 000	1.7
辽宁	10 500	1.7		
吉林	10 500	1.4~1.5		
黑龙江	10 500	1.4~1.5		

（3）氮素当季利用率

氮素利用率变化幅度很大，影响因素多。可以按照本地区最近 3 年高产稻田的氮素利用率平均值进行估算。也可通过田间试验设置施氮区和无氮区进行确定，一般按如下公式计算当季氮素利用率：

$$当季氮素利用率（\%）=\frac{施氮区吸氮总量（kg）-无氮区吸氮总量（kg）}{施氮总量（kg）}\times 100$$

（二）磷、钾肥的精准施用量

1. 公式计算法

磷、钾肥的施用量同样可以用斯坦福（Stanford）公式方法进行计算。

施磷量＝（目标产量需磷量-土壤供磷量）/磷肥当季利用率

施钾量=（目标产量需钾量−土壤供钾量）/钾肥当季利用率

目标产量需肥量、土壤供肥量、肥料利用率等几个关键参数的求取可参照氮肥关键参数求取方式。

2. 比例计算法

由于水稻对氮磷钾养分的吸收比例相对稳定，因此，对磷钾肥的施用量可以在确定了施氮量的基础上，按照比例法再计算出磷钾的施用量，一般按 N：P_2O_5：K_2O 为 1：（0.4~0.6）：（0.8~1.2）的比例确定磷钾肥的用量，要考虑土壤中的磷钾丰缺情况和目标产量高低来确定磷钾比例的取值，一般土壤中有效磷和有效钾含量较丰富或目标产量较低时取低值，反之取高值。

（三）肥料精准运筹

1. 氮肥运筹

（1）不同时期施肥比例。总施氮量确定后，还要确定基肥、分蘖肥和穗肥的比例。合理的基蘖肥与穗肥的比例，应当符合水稻高产的吸氮规律，符合前期促蘖，中期"落黄"稳长，穗肥攻取大穗的高产生育规律和栽培调控规律。不同稻区推荐施肥比例如表4-2所示，但由于水稻品种类型、生育期长短、土壤地力、熟制类型等因素不同，水稻适宜施肥比例也因之有所差异，要根据具体情况加以考虑。

表4-2 不同稻区氮肥不同生育时期的适宜施用比例（%）

水稻主产区	所占比例		
	基面肥	分蘖肥	穗粒肥
长江中下游早稻	40~50	25~30	25~30
长江中下游晚稻	40~50	20~30	20~30
长江中下游一季中稻	40~50	20~30	30~40
西南地区一季中稻	35~55	20~30	25~35
华南双季早稻	30~35	30~35	30~40
华南双季晚稻	30~40	20~30	30~40
东北寒地一季稻	40~45	20~25	30~35

（2）施用时间。基肥是水稻插秧之前施用的肥料，主要作用是供应水稻

前期对养分的需要，促进分蘖早生快发，还可以改良土壤。基肥在移栽前整地时耕（旋）入土中，要求均匀，土肥相融。

分蘖肥主要功能是促进水稻移栽后分蘖早生快发和争取分蘖成穗。分蘖肥应在水稻长出新根后及早施用。一般在水稻返青活棵后 2~3d 施用。机插小苗移栽或分蘖期较长的一季稻也可施 2 次分蘖肥，第一次于水稻返青活棵后 2~3d 施用，第二次在第一次施肥后 1 周左右施用。

穗肥主要作用是提供幼穗分化发育的养分供应，既能促进颖花数量增多，又能防止颖花退化。在幼穗分化开始前施用，其作用主要是促进稻穗枝梗和颖花分化，增加每穗颖花数，称为促花肥。通常在叶龄余数 3.5 叶左右施用。具体施用时间和用量要因苗情而定，如果叶色较深不褪淡，可推迟并减少施肥量；反之，如果叶色明显较淡的，可提前 3~5d 施用，并适当增加用量。在开始孕穗时施的穗肥，其作用主要是减少颖花的退化，提高结实率，称为保花肥。通常在叶龄余数 1.2~1.5 叶时施用。对于叶色浅、群体生长量小的，可多施；对叶色较深者，则少施或不施。

2. 磷、钾肥运筹

磷在土壤中移动性差，易固定，当季利用率低，后效大，同时水稻秧苗期对磷肥最敏感，故水稻磷肥施用一般作基肥和面肥施用，在整地时全部施下，移栽后一般不再施用。

速效钾肥一般 50% 左右作基肥和面肥施用，20%~30% 作分蘖肥施用，20%~30% 作穗粒肥施用。

第二节 化肥有机替代

化肥有机替代技术，即用有机肥的养分部分替代化肥中的某些养分，从而达到减少化肥施用量，并实现培肥土壤，促进养分循环，提高肥料利用率，改善稻米品质的目的。这也是稻田化肥减施控污的重要途径。

一、有机肥的作用

有机肥中不仅含有植物必需的大量元素（表 4-3）和中微量元素，还含有丰富的有机养分。有机肥在水稻生产中的作用主要表现在以下 3 个方面。

表4-3　主要有机肥养分含量[3]

名称	风干基			鲜基		
	N（%）	P（%）	K（%）	N（%）	P（%）	K（%）
人粪	6.357	1.239	1.482	1.159	0.261	0.304
人尿	24.591	1.609	5.819	0.526	0.038	0.136
猪粪	2.090	0.817	1.082	0.547	0.245	0.294
猪尿	12.126	1.522	10.679	0.166	0.022	0.157
马粪	1.347	0.434	1.247	0.437	0.134	0.381
马粪尿	2.552	0.419	2.815	0.378	0.077	0.573
牛粪	1.560	0.382	0.898	0.383	0.095	0.231
牛尿	10.300	0.640	18.871	0.501	0.017	0.906
羊粪	2.317	0.457	1.284	1.014	0.216	0.532
兔粪	2.115	0.675	1.710	0.874	0.297	0.653
鸡粪	2.137	0.879	1.525	1.032	0.413	0.717
鸭粪	1.642	0.787	1.259	0.714	0.364	0.547
鹅粪	1.599	0.609	1.651	0.536	0.215	0.517
蚕沙	2.331	0.302	1.894	1.184	0.154	0.974
沤肥	0.635	0.250	1.466	0.296	0.121	0.191
水稻秸秆	0.826	0.119	1.708	0.302	0.044	0.663
小麦秸秆	0.617	0.071	1.017	0.314	0.040	0.653
大麦秸秆	0.509	0.076	1.268	0.157	0.038	0.546
玉米秸秆	0.869	0.133	1.112	0.298	0.043	0.384
大豆秸秆	1.633	0.170	1.056	0.577	0.063	0.368
油菜秸秆	0.816	0.140	1.857	0.266	0.039	0.607
花生秸秆	1.658	0.149	0.990	0.572	0.056	0.357
马铃薯藤	2.403	0.247	3.581	0.310	0.032	0.461
红薯藤	2.131	0.256	2.750	0.350	0.045	0.484
烟草秆	1.295	0.151	1.656	0.368	0.038	0.453
胡豆秆	2.215	0.204	1.466	0.482	0.051	0.303
甘蔗茎叶	1.001	0.128	1.005	0.359	0.046	0.374
紫云英	3.085	0.301	2.065	0.391	0.042	0.269
苕子	3.047	0.289	2.141	0.632	0.061	0.438
草木犀	1.375	0.144	1.134	0.260	0.036	0.440
豌豆	2.470	0.241	1.719	0.614	0.059	0.428
箭舌豌豆	1.846	0.187	1.285	0.652	0.070	0.478

(续表)

名称	风干基			鲜基		
	N（%）	P（%）	K（%）	N（%）	P（%）	K（%）
蚕豆	2.392	0.270	1.419	0.473	0.048	0.305
萝卜菜	2.233	0.347	2.463	0.366	0.055	0.414
紫穗槐	2.706	0.269	1.271	0.903	0.090	0.457
三叶草	2.836	0.293	2.544	0.643	0.059	0.589
满江红	2.901	0.359	2.287	0.233	0.029	0.175
水花生	2.505	0.289	5.010	0.342	0.041	0.713
水葫芦	2.301	0.430	3.862	0.214	0.037	0.365
紫茎泽兰	1.541	0.248	2.316	0.390	0.063	0.581
菜籽饼	5.250	0.799	1.042	5.195	0.853	1.116
花生饼	6.915	0.547	0.962	4.123	0.367	0.801
芝麻饼	5.079	0.731	0.564	4.969	1.043	0.778
茶籽饼	2.926	0.488	1.216	1.225	0.200	0.845
棉籽饼	4.293	0.541	0.760	5.514	0.967	1.243
酒渣	2.867	0.330	0.350	0.714	0.090	0.104
木薯渣	0.475	0.054	0.247	0.106	0.011	0.051
腐殖酸类	0.956	0.231	1.104	0.438	0.105	0.609
褐煤	0.876	0.138	0.950	0.366	0.040	0.514
沼气发酵肥	6.231	1.167	4.455	0.283	0.113	0.136
沼渣	12.924	1.828	9.886	0.109	0.019	0.088
沼液	1.866	0.755	0.835	0.499	0.216	0.203

（一）为水稻生长提供养分，促进稻米品质提高

有机肥中包含有水稻生长必需的大量元素氮、磷、钾和中微量元素钙、镁、硫、铁、锰、硼、锌、钼、铜等无机养分；还有氨基酸、酰胺、核酸等有机养分和维生素 B_1、维生素 B_6 等活性物质，能为水稻生长提供营养。有机肥腐解后，为土壤微生物活动提供能量和养料，促进微生物活动，加速有机质分解，产生的活性物质等能促进水稻的生长和提高稻米品质。施用有机肥料能显著减少垩白粒率和垩白度，提高稻米的外观品质，同时能增加谷氨酸、蛋白质及钙、镁、磷、锌、硒等营养物质（表4-4）。同时有机肥在土壤中分解，转化形成各种腐殖酸物质。能促进稻株体内的酶活性、物质的合成、运输和积累。腐殖酸是一种高分子物质，阳离子代换量高，具有很好的络合吸附性能，

对重金属离子有很好的络合吸附作用，能有效地减轻重金属离子对作物的毒害，并阻止其进入水稻体内。这对生产无污染的安全、卫生的绿色稻米十分有利。

表 4-4　不同有机肥料对稻米品质的影响[4]

肥料类型	垩白粒率 （%）	垩白度 （%）	谷氨酸 （%）	蛋白质 （%）	钙 （mg·kg⁻¹）	磷 （mg·kg⁻¹）	镁 （mg·kg⁻¹）	锌 （mg·kg⁻¹）	硒 （mg·kg⁻¹）
鸡粪	6	1.8	1.2	7.5	1 035	2 873	1 293	25.6	0.011
猪粪	7.1	3.4	1.12	7.37	1 110	2 620	1 210	25.1	0.013
花生麸	9	3.8	1.31	7.71	929	2 827	1 290	26.6	0.021
商品有机肥	8	2.6	1.15	6.91	976	3 013	1 330	28.5	0.011
化肥	10	4.1	1.01	7.03	776	2 700	1 190	24.7	0.007

（二）改良土壤结构，培肥稻田土壤

施用有机肥料，既增加了许多有机胶体，同时借助微生物的作用把许多有机物也分解转化成有机胶体，这就大大增加了稻田土壤吸附表面，并且产生许多胶黏物质，使土壤颗粒胶结起来变成稳定的团粒结构，改善了土壤的物理、化学和生物特性，提高了稻田土壤保水、保肥和透气的性能，以及调节土壤温度的能力，同时还能提高稻田土壤的缓冲性，加速脱盐和消除活性铝及游离铁的危害，从而改良矿毒田。同时有机肥料中的主要物质是有机质，有机肥施入稻田土壤后，能增加稻田土壤的有机物质，培肥地力。表 4-5 表明，18 年的有机无机配施增加了土壤的有机碳（TOC）以及活性有机碳（HWC），增加了孔隙度、团聚体和土壤阳离子交换量（CEC）。

表 4-5　长期有机无机肥配施对稻田土壤基本理化性状的影响[5]

处理	TOC （g·kg⁻¹）	HWC （mg·kg⁻¹）	容重 （g·cm⁻³）	总孔 隙度 （%）	毛管 空隙度 （%）	通气 空隙度 （%）	团聚体 （%）	CEC （cmol·kg⁻¹）
试验前	19.5							
CK	19.8	299.6	1.13	55.5	42.5	13	54.2	10
化肥	20.7	329.1	1.13	55.7	42.6	13.2	56.1	10.2
配施中量有机肥	24.8	453.8	1.05	58.3	43.3	15	61.3	11.3
配施高量有机肥	27.9	524.5	1.01	60	43.8	16.2	64.8	12

（三）提高稻田土壤养分的有效性

施用有机肥料，可使稻田土壤中的微生物大量繁殖，特别是许多有益的微生物，如固氮菌、氨化菌、纤维素分解菌、硝化菌等。同时施用有机肥增加了土壤中各种糖类。有了糖类，有了有机物在降解中释放的大量能量，土壤微生物的生长、发育、繁殖活动就有了能源。畜禽粪便制成的有机肥中带有动物消化道分泌的各种活性酶，以及微生物产生的各种酶（蛋白酶、脲酶、磷酸化酶），促使有机态氮、磷变为无机态，供水稻吸收[6]。如表4-6所示，长期有机无机肥配施显著提高稻田土壤微生物量碳、氮和微生物熵，提高土壤酶活性及酶活性综合指数。同时施用有机肥料能使土壤中钙、镁、铁、铝等形成稳定络合物，减少对磷的固定，提高有效磷含量。豆科和十字花科绿肥等有机肥还田还可提高磷酸盐和某些微量元素的有效性。

表4-6　长期有机无机肥配施对稻田土壤微生物及酶的影响

处理	微生物生物量碳（mg·kg^{-1}）	微生物生物量氮（mg·kg^{-1}）	微生物熵（%）	蔗糖酶（mg·g^{-1}·24h^{-1}）	脲酶（mg·g^{-1}·24h^{-1}）	蛋白酶（μg·g^{-1}·2h^{-1}）	酸性磷酸酶（mg·g^{-1}·h^{-1}）	过氧化氢酶（ml·g^{-1}·20min^{-1}）	酶活性综合指数
CK	190.9 d	28.3 d	1.63 c	4.02 c	0.47 d	101.7 d	0.26 c	2.56 c	0.66 d
NPK	396.0 c	63.9 c	2.61 b	10.6 b	0.73 c	176.2 c	0.38 b	2.73 c	1.07 c
30OM70CF	562.1 b	89.6 b	3.05 a	12.9 a	0.88 b	205.4 b	0.59 a	3.37 b	1.36 b
50OM50CF	589.5 b	99.5 ab	3.10 a	13.0 a	0.88 b	219.8 ab	0.62 a	3.72 ab	1.42 a
70OM30CF	633.5 a	104.6 a	3.24 a	14.5 a	0.96 a	225.9 a	0.64 a	3.88 a	1.50 a

注：OM指猪粪堆肥，CF指化肥

二、有机替代技术

有机肥含有大量的有机质，改土培肥效果好，含有养分多但相对含量低，释放缓慢，养分持久，须经微生物分解转化后才能为水稻所吸收。而化肥单位养分含量高，成分少，释放快，施入土壤后即能发挥作用。两者各有优缺点，有机肥应与化肥配合施用才能扬长避短，充分发挥其效益。这就存在一个有机肥和化肥最适比率的问题。而不同稻田土壤、不同有机肥品种、不同目标产量水平的最佳的有机肥化肥配施量也是不同的，这需要各地因地制宜选择合适的比例。

水稻清洁生产的有机肥和化肥配合使用应做到3点：一是必须符合有机水

稻、绿色水稻、无公害水稻3种生产模式的有机肥比例要求；二是必须在保持土壤有机质不下降的有机肥施用量最低用量之上；三是在有机肥充足，且保证水稻正常生长和经济效益的前提下尽量多施用有机肥，以替代更多的化肥。

（一）有机肥最低限度施用量的确定

土壤中的有机质每年都有一部分因矿质化作用而消耗掉，补偿的来源是作物根茬和施用有机肥料。根茬和有机肥料在土壤中一部分将很快分解掉，另一部分通过腐殖质化，形成腐殖质残留在土壤中，补充土壤有机质。在生产中可按下式[7]计算耕地为保持一定土壤有机质含量而要求施用的最低限度的有机肥量。

$$m = (w×a×o-c×r) / (b×t)$$

式中，m 为有机肥用量（$kg \cdot hm^{-2}$），w 为单位面积耕层土壤重量（$kg \cdot hm^{-2}$），a 为土壤有机质年矿化率（%），o 为原土壤中有机质含量，c 为根茬的腐殖质化系数（%），r 为耕层中根茬量（$kg \cdot hm^{-2}$），b 为有机肥的腐殖化系数（%），t 为有机肥的有机质含量（%）。

上述各项主要需测定 a、b、c 三项系数及土壤有机质含量。

土壤有机质矿化率的测定有长期定位法和同位素法等。前者要求很长时间，后者需要较高的技术设备条件。要求这些方法广泛推行于各地各类土壤类型上是不易做到的。而从生产角度也不需十分精密，如能得一个近似值，则是切合实用的。我们采用的方法是测定土壤无肥区全年作物吸氮量和种植作物前的土壤全氮量，以测定土壤的氮素年矿化率，并以此作为近似的土壤有机质年矿化率。

土壤有机质矿化率（%）＝单位面积全年作物吸氮总量/单位面积耕层（0~20cm）土壤总氮量×100

这样做是假定在不施肥条件下作物所吸收的氮不是绝大部分来自土壤有机质的矿质化。而一定土壤类型，特别是老耕地，都有一个比较稳定的 C/N 值。尽管土壤有机质矿化释放出的氮素存在着淋失、挥发和其他脱氮作用的损失，但土壤中也存在着微生物自生固氮及降水中的氮素给土壤的补充。在温带地区，这种损失和补充是相近的。据 R. S. Smith 研究，牧场土壤耕种时氮素矿化速率与碳相同，而氮素矿化率测定又较碳素矿化测定方便而快速，因此，土壤有机质氮素矿化率可近似为土壤有机质矿化率。

不同有机肥及水稻根茬的腐殖化系数的测定，腐殖化系数是指一定重量有机肥料中的有机碳在土壤中分解一年后残留在土壤中的百分数，用下式计算。

腐殖化系数（%）=分解一年后土壤中残留的有机碳量（g）/加入土壤中的有机碳量（g）×100

土壤中残留的有机碳量（g）=加有机碳的土壤总碳量（g）-空白土壤碳（g）。采用能透水通气但不能进入的碳化硅砂滤管进行测定。

水稻田腐殖化系数平均为70%左右，各种有机物料的腐殖化系数因土壤而异，良水型水稻土比滞水型水稻土的腐殖化系数高。

（二）有机肥施用要点

有机肥一般作基肥施用，在翻地时，将有机肥料均匀抛撒到农田，随着翻地将肥料全面施入土壤表层，然后耕入土中，有机肥施用注意以下几点。

1. 充分腐熟

未经腐熟的有机肥中，携带有大量的致病微生物和寄生性蛔虫卵，施入稻田后，一部分附着在稻株上造成直接污染，另一部分进入土壤造成间接污染。另外，未经腐熟的有机肥施入土壤后，一方面产生高温造成烧苗现象，另一方面还会释放氨气，使稻株生长不良，因此，在施用有机肥时一定要充分腐熟。

目前较好的腐熟方法是高温堆肥。其方法是：将有机肥与作物秸秆（铡成10cm左右），加入一定比例的水（含水量50%~60%），夏季水分稍多，以防氮肥灰化。冬季宜少，以免因通气不良而发热缓慢。之后进行堆积，堆高宽各1.5~2m，长不限，并在堆外覆盖4~6cm厚的细土。前期堆腐是好气发酵，要疏松通气，可在堆中设置多个通气孔，堆腐20d后进行第一次翻堆，将外层翻倒至内层，内层翻倒至外层。再继续堆覆20d，进行第二次翻堆。当堆肥表层形成以真菌菌丝为主的白毛时，表示堆肥进入嫌气发酵阶段，此时应将肥堆压实，用泥土密封，防止氮肥的损失，使其缓慢地进行后期的腐熟。一般堆肥夏季需1~2个月，冬季需3~4个月即可腐熟使用。腐熟有机肥标准是：颜色为褐色或灰褐色，发酵物温度降至35℃以下，无臭味，有淡淡的氨味。

2. 绿肥适时翻沤

绿肥是含氮丰富的有机肥料，具有肥分高、利用率大、肥效比较持久等特点。但其肥效的大小和快慢，与翻沤时期的早晚有密切关系，而翻沤时期的早晚，又影响到绿肥产量和肥分含量的高低。因此，在适宜的时期翻沤，是发挥绿肥效用的一个重要问题。绿肥翻沤时间一是要在绿肥盛花期，二是必须在水稻移栽前半月以上，使其充分腐烂，翻沤量15~23t·hm^{-2}。

3. 稻秸适量还田

水稻秸秆还田方法很多，可以直接还田，也可间接还田，但均需注意几

点。一是控制秸秆直接还田数量，一般以 3 000~3 750kg·hm⁻² 的干秸秆或
5 250~4 500kg·hm⁻² 的湿秸秆为宜。二是秸秆还田后土壤更加疏松，需水量
加大，要保证稻田有足够的水分，有助于秸秆充分分解。三是水稻秸秆的碳氮
比为 75∶1，而土壤微生物分解有机物需要的碳氮比为 25∶1，水稻秸秆直接
还田后需要适当增施氮肥。否则，微生物分解秸秆就会与水稻争夺土壤中的氮
素与水分，影响水稻正常生长。

（三）化肥用量的确定

根据测土结果结合前面精准施肥的施肥量计算公式，计算出高产稻田所需
的氮、磷、钾纯养分总施用量，再可根据以下 3 种方法，确定化肥的施用量。

1. 同效当量法[1]

由于有机肥和化肥的当季利用率不同，通过试验先计算出使用的有机肥所
含的养分含量，相当于几个单位化肥所含的养分的肥料，这个系数，就称为
"同效当量"。例如，测定氮的有机无机同效氮磷在施用等量磷钾的基础上，
用等量的有机氮和无机氮两个处理，并以不施氮肥为对照，得出产量后，用下
列公式计算同效当量：

同效当量 ＝（有机氮处理产量–无氮处理产量）／（无机氮处理产量–无氮
处理产量）

如：施有机氮（N）112.5kg 的产量为 3 975kg·hm⁻²，施无机氮（N）
112.5kg 的产量为 4 875kg·hm⁻²，不施氮肥处理产量为 1 560kg·hm⁻²，通过
计算同效当量为 0.73，即 1kg 有机氮相当于 0.73kg 无机氮。

2. 产量差减法

先通过试验，取得某一种有机肥料单位施用量能增产多少产品，然后从目
标产量中减去有机肥能增产部分，减去后的产量，就是应施化肥才能得到的
产量。

如有一公顷田，目标产量为 4 875kg，计划施用厩肥 13 500kg，每 100kg
厩肥可增产 103.95kg 稻谷，则 13 500kg 厩肥可增产稻谷 935.55kg，用化肥的
产量为 3 939.45kg。

3. 养分差减法

在掌握各种有机肥料利用率的情况下，可先计算出有机肥料中的养分含
量，同时，计算出当季能利用多少，然后从需肥总量中减去有机肥能利用部
分，留下的就是化肥应施的量。

化肥施用量 ＝（总需肥量–有机肥用量×养分含量×该有机肥当季利用

率）／（化肥养分×化肥当季利用率）

三、有机替代注意事项

一是应选择优质、无污染的有机肥。人畜禽粪便、垃圾等有机废物是一类脏、烂、臭物质，其中含有许多病原微生物，或混入某些毒物，是重要的污染源，尤其值得注意的是，随着现代畜牧业的发展，饲料添加剂应用越来越广泛，饲料添加剂往往含有一定量的重金属，这些重金属随畜粪便排出，会严重污染环境，影响人的身体健康。有机肥料的重金属含量的限量指标应符合《有机肥料》（NY 525—2012）的要求，这类有机肥应无害化处理后才能使用。禁止使用工厂废料、城市垃圾堆积成的有机肥。

二是有机肥施用最好与生物肥配合。有机肥无论是基施还是冲施，最好配合生物肥施用，因为有机肥在与生物肥配合施用后，生物肥中的生物菌能加速有机肥中有机质的分解，使其更利于水稻吸收。

三是严格控制有机肥施用量，不可一次过量施用。特别是在水稻生长期内不能一次施用过量，否则会导致发生烧根，僵苗不发，叶片畸形，严重时逐渐萎蔫而枯死，降低产量。

四是植物病残体不能直接还田当作有机肥，避免造成病虫蔓延或土壤污染。

五是腐熟的有机肥不能与草木灰、石灰氮、石灰、钙镁磷肥等碱性肥料配合施用，避免因与碱性肥料造成氨的挥发，降低有机肥养分含量，也不宜与硝态氮混用。

第三节　肥料增效技术

肥料增效，即以有机或无机肥为基体，或通过工业工艺，或用物理和化学方法，增加基体功能，从而达到促进水稻等作物对其吸收利用，最终达到减少化肥施用量的目的。肥料增效途径主要有改进生产工艺和剂型、生产长效肥料、应用缓（控）释肥料、加入肥料增效剂、优化复混肥配方等。

一、肥料增效途径

肥料增效目前主要可以通过以下途径来实现。

（一）改进肥料生产工艺

改进肥料生产工艺主要有下面几种方法[8]：一是根据不同肥料的性质改造其本性使其长效、高效。如生产复合或复混肥料，向肥料中加入各种增效物质和抑制剂等改性物质、微生物等。如在氮肥中加入硝化抑制剂、脲酶抑制剂等使氮素形态能在土壤中保持相对长的时间，防止很快地转变成 NH_4^+ 或 NO_3^- 而挥发或淋失。在磷、钾肥中加入一些化学或生物物质（如溶磷细菌、溶钾细菌、及解磷、解钾细菌）使磷钾肥增效。二是改变肥料形态。根据不同使用目的而生产的液体肥料、气体肥料、膏状肥料等，通过形态的变化，改善肥料的使用效能。也可通过改变肥料的大小等改变肥料形态，如将粉状肥料改变成粒状肥料。三是利用一些新型或复合的工艺代替单一简单的工艺。如利用帘幕涂布技术转鼓法生产大颗粒尿素，与普通尿素存在的速效性、氮利用率低、易结块等特点相比，大颗粒尿素性能有很大改善，肥效和氮素利用率远比普通尿素优越。在复混肥制造时，通过改用用尿素喷浆造粒—团粒法代替传统团粒法，则制成的复混肥颗粒更均匀，强度更好，也能大大提高肥料利用效率。四是利用一些高新技术和智能化装备来改善和提高肥料生产环节的效率，提高肥料产品的肥效，减少损失。

（二）改变肥料剂型

改变肥料剂型主要有下面几种方法：一是功能拓展或功效提高，如肥料除了提供养分作用以外还具有保水、抗寒、抗旱、杀虫、防病等其他功能，所谓的保水肥料、药肥等均属于此类。此外，采用包衣技术、添加抑制剂等方式生产的肥料，使其养分利用率明显提高，从而增加施肥效益的一类肥料也可归于此类。二是提高养分浓度，提高肥料的养分浓度不仅有效地满足作物需要，而且还可省时、省工，提高工作效率。三是新型材料的应用，其中包括肥料原料、添加剂、助剂等，使肥料品种呈现多样化、效能稳定化、易用化、高效化。四是运用方式的转变或更新，针对不同类型水稻、不同栽培方式等特殊条件下的施肥特点而专门研制的肥料，尽管从肥料形态上、品种上没有过多的变化，但其侧重于解决某些生产中急需克服的问题，具有针对性，如超级稻专用肥等。

二、应用缓（控）释肥料

缓（控）释肥是一种通过各种调控机制使肥料养分最初释放延缓，延长植物对其有效养分吸收利用的有效期，使养分按照设定的释放期缓慢或控制释放的肥料，降低渗漏或蒸发，具有提高化肥利用率，减少使用量与施肥次数，降低生产成本，减少环境污染，提高农作物产品品质等优点。国际肥料工业协会（IFA）对缓（控）释肥料定义为：在施肥后所含养分形式能缓慢被作物吸收，且其所含养分比速效肥（如尿素、碳铵等）有更长肥效的肥料。欧洲标准委员会（CEN）认为在25℃时养分释放能同时满足24h释放量不大于15%，28d释放量不超过78%，规定时间内养分被释放75%以上的肥料，都可称为缓（控）释肥料。

根据生产工艺程序和农业化学性质的不同，可以将缓（控）释肥料分为以下几种类型：一是化学合成缓溶性有机氮肥，主要是通过尿素与其他化学物质进行分级的缩合，来减缓其在土壤中的降解速度，达到缓释的效果，主要代表是脲甲醛、脲乙醛、异丁叉二脲、草酰胺磷酸镁铵、聚磷酸盐和偏磷酸钾等。二是包膜（包裹）型缓（控）释肥料，主要是通过对易溶性的氮肥进行包裹的方式，延缓其氮素的溶解速度，以达到控释的目的，最常见的就是硫包衣氮肥（SCU）和树脂包衣氮肥。控释肥多为聚合物包膜肥料。如日本Chisso-Asahi生产的MEISTER包膜尿素。膜的材料目前也呈多样性，主要包括水溶性膜材料（淀粉衍生物、高分子材料如聚多巴胺基复合薄膜，可光解膜材料Masao等），聚丙烯酸酯包膜材料，天然高分子控释材料，植物油、水基聚合物、脲醛化合氮等。三是肥料的稳定剂，主要是由于其原理的复杂性，无法简单的表述并评估其具体起作用的因素，但在实际的应用中能够起到缓释效果。稳定剂的使用方式较为简便，直接按照比例添加即可，产品升级较为容易实现。如氨稳定剂（DCD）等。

三、加入肥料增效剂

肥料增效剂对各种化肥具有很强的螯合、络合、吸附、离子交换和解磷、解钾、固氮能力，可以抑制脲酶活动，减少氮素挥发和淋失；减少土壤对磷的固定，增加磷在土壤中的移动距离，促进根系对磷的吸收；吸收储存钾离子，螯合络合氮磷钾及多种微量元素，并能把多年来固定在土壤中的无效磷、钾等养分迅速激活，把无效养分转化成有效养分，解除养分之间的拮抗作用，调节养分平衡，使养分倍增，减少化肥养分的流失、挥发与固定，从而大大提高化肥的利用率，延长肥效期。

肥料增效剂主要包括脲酶抑制剂及硝化抑制剂两类：脲酶抑制剂仅用于尿素，通过和脲酶竞争尿素上的结合位点来阻止脲酶的水解作用，从而减缓尿素水解成为铵态氮的速度。常见的脲酶抑制剂有：氢醌、苯基汞化醋酸盐、硫酸铜、邻-苯基磷酰二胺（PPD）、儿茶酚、硫代磷酰三胺（NBPT）等。硝化抑制剂是通过专一性抑制亚硝化单胞菌属活性，抑制硝化作用，延缓铵态氮向硝态氮的转换速度，从而减少肥料的流失，提高肥料利用率的添加剂。常见硝化抑制剂有 2-氯-6-（三氯甲苯）吡啶（CP）、脒基硫脲（ASU）、双氰胺（DCD）、3，4-二甲基吡唑磷酸盐（DMPP）、2-氨基-4-氯-6-甲基嘧啶（AM）、2-甲基-4，6-双（三氯甲苯）均三嗪（MDCT）、2-磺胺噻唑（ST）等。

四、优化肥料配方

应根据水稻吸肥规律和不同区域的土壤养分供应状况，分区域优化肥料配方，重点是优化氮磷钾配比和大量元素与中微量元素的配比，然后根据肥料种类不同，进一步优化有机肥和无机肥配比、有机肥和生物肥配比、缓（控）释肥与速效肥配比，配制成适合区域配方施肥要求的配方肥施用，达到促进水稻对养分吸收，提高肥料利用率的目的。

第四节 高效控污施肥

如何高效利用肥料，减少过量施肥或不当施肥造成的环境污染是当前水稻生产发展和环境保护迫切需要解决的问题。水稻施肥是一项技术性很强的农艺措施，在优化肥料结构、推广科学施肥方式的同时，既要达到有利于肥料的高效利用，又有利于作物的高效吸收，最终实现水稻优质、高产、低耗、环保的目标。

一、精准施肥

水稻精准施肥就是通过水稻的需肥规律和土壤特点精准计算出施肥量和肥料运筹，可有效缓解过量施肥和施肥比例不合理的问题，提高肥料利用率，减少养分流失。通过精准施肥，达到施肥量和产量的最佳平衡点，最大量地促使水稻多吸收，少流失。水稻对养分的需求都有一个临界期和最大效率期，在水稻的最大效率期内，水稻对某一种或几种养分的需要量最多，此时施肥最能发挥其增产潜力，达到少投入多产出的目的。精准肥料运筹掌握最佳施肥时期和用量，可使肥料利用率达到最高。

二、选用高效、长效肥料

目前，农业生产中所用的氮肥，均属于速溶性肥料，施用当时在土壤溶液中的浓度高、活性大、变化快、易随水流失。因此，水稻在生长过程中实际吸收的量往往较少，利用率不高。通过一些新型高效和长效肥料可有效解决这些问题。

如缓（控）释肥料就是以速效化肥为基体，通过各种技术措施预先设定肥料在水稻生长季节的释放模式，使其养分释放规律与水稻养分吸收尽可能同步，从而达到提高利用率，提高肥效，减少肥料对环境污染的目的。据报道，施用控释（缓释）肥料可使氮肥利用率达60%~80%，在达到相同产量的情况下，可减少施肥量10%~50%，这类肥料由于肥料利用率高，可以减少肥料用量以及淋溶损失，从而减少对环境的污染。除此之外，还可以大大减少施肥次数，节省施肥成本及能耗，提高水稻产量，改善品质；生态肥，利用活性菌固氮、解磷、解钾的作用以提高化肥利用率，可替代10%~30%的化肥；多肽尿素，利用金属蛋白酶促进养分吸收以提高利用率，可提高氮肥利用率15%左右；控失复合肥，通过固定化肥营养元素、减少养分流失以提高利用率等；采用硝化抑制剂抑制或延缓土壤中铵的硝化作用，减少氮的淋洗和反硝化损失；应用生物质炭，跟肥料结合后就能把肥料固定住，吸附在孔隙里，起到缓释作用，同时炭对保水，提高地温，改善微生物环境都能起到好作用；应用肥料增效剂，促进水稻对肥水的吸收利用，提高肥料利用率，减少化肥的流失。

三、有机无机配施

有机无机配施一是可利用有机肥资源，替代部分化肥，促进化肥减量施用；二是可改良土壤理化性状，增强土壤肥力；三是可使迟效与速效肥料优势互补；四是可减少化肥的挥发与流失，增强保肥性能，较快地提高供肥能力；五是可提高水稻抗逆性、改善品质，并对减轻环境污染有显著效果。

科学的有机无机配施中化肥的数量和强度应该既能满足水稻生长需要，又应该考虑到易流失的速效养分对环境造成的风险，因此应考虑到以下几个因素。

一是土壤基础地力。基础地力较低的土壤，土壤本身在水稻生长周期内可供水稻吸收利用的养分较少。要保证一定的水稻产量需要提供更多的速效养分，因此需要配施较高比例的化肥以维持土壤中速效养分的浓度。基础肥力较高的土壤，土壤本身可提供较多的速效养分供作物吸收，肥料在作物生长过程中提供少量或者不提供养分均可达到目标产量，此时可少施甚至不施化肥，可仅施用部分有机肥以维持土壤的基础地力。就养分流失方面而言，基础地力低的土壤配施高比例化肥时要遵循少量多次的原则，避免化学氮肥的一次性投入导致的养分流失；基础地力高的土壤速效养分的含量更高，本身造成养分流失、环境污染的风险较大，因此应少用化肥。

二是施肥水平。施肥水平较低时，肥料中的全部养分在水稻生长周期内不足以或者基本满足水稻生长需要，要保证一定的水稻产量需要肥料中的养分全部转化释放，供吸收，此时需要配施较高比例的化肥以维持土壤中速效养分的浓度。施肥水平高时，肥料中的养分仅需部分养分转化释放供水稻吸收，即可保证水稻产量，其余养分可保存在土壤中，培肥土壤。此时，应加大有机肥的比例，既减少了化肥大量施用的环境风险，又起到了快速培肥土壤的作用。

三是有机肥的类型。有机肥种类，腐解程度直接影响有机肥中速效养分的含量以及施入土壤后的矿化分解速率。施肥水平一定时，本身速效养分含量高，矿化分解速率快的有机肥，应以小比例的化肥与大比例的有机肥配施即可满足水稻生长对速效养分的需求；反之，则应以大比例的化肥与小比例的有机肥方可满足水稻生长对速效养分的需求。

四是气候条件。温度和水分是影响有机肥分解快慢的重要环境因素。湿热气候条件下有机肥矿化分解较快的地区可适当提高有机肥的比例，降低化肥的施用比例，以减少环境风险；干冷气候条件下有机肥矿化分解慢的地区则应适当提高化肥的比例，降低有机肥施用比例，以满足水稻生长需要。

四、改进施肥方法

（一）化肥深施

改表面撒施为集中深施，氮肥深施可较撒施提高利用率 20% 左右，普通磷肥集中条施或沟施可较撒施提高利用率 10%，普通磷肥与有机肥堆沤作底肥，磷肥肥效可提高 30%~40%。铵态氮肥和尿素作基肥时，坚持深施并结合耕翻覆土，利用土壤的吸附能力减少氨的挥发量，施用深度一般应大于 6cm。作追肥时，应采用穴施、沟施覆土或结合灌溉深施。为了克服氮肥深施可能出现的肥效迟缓现象，施用时间应适当提前几天，中后期追肥时则应酌情减少用量。

（二）合理肥料运筹

根据水稻品种、土壤养分状况，合理运筹肥料品种、肥料数量、施肥品种之间的比例、不同时期的施肥比例、施肥方法等，以满足其不同时期生长发育的需要。如水稻施肥技术越来越重视提高中后期的穗肥比例，一般双季稻穗粒肥的氮钾穗肥比例要求达到 25%～35%，单季稻要求达到 40%～50%。

（三）机械施肥

加快施肥机械的应用，推进化肥机械深施、机械追肥、种肥同播等技术，既可节省劳动力，又能提高工作效率，减少养分挥发和流失。

（四）肥水耦合

根据不同水分条件，提倡灌溉与施肥在时间、数量和方式上合理配合，促进水稻根系深扎，扩大根系在土壤中的吸水范围，多利用土壤深层储水，并提高作物的蒸腾和光合强度，减少土壤的无效蒸发。以提高降雨和灌溉水的利用效率，达到以水促肥，以肥调水，增加水稻产量和改善品质的目的。在有排灌条件的稻田可采用"以水带氮"的氮肥深施技术。即在施肥前，稻田停止灌水，晾田数日，尽可能控制土壤处于水不饱和状态，氮肥表施后立即复浅水，使肥随水下渗，深施入土，60% 的表施化肥氮被带入土层，使肥效具有缓、稳、长的特点。由于深施前的控水搁田促进了水稻根系发育，有利于对氮素的吸收，施肥量比习惯施肥法减少约 1/3。

第五节　氮、磷污染物拦截与净化

在水稻生产中，氮、磷肥的损失多达 30%～70%。过量的氮、磷肥进入环境会导致地下水硝酸盐超标、地表水富营养化和向空气中排放出 N_2O、NH_3 等有害气体，加重周边环境负荷，甚至严重到造成大量生物死亡和影响人类健康。减少源头氮、磷污染物污染量和控制氮、磷负荷的排放是控制氮、磷污染物进入周边环境的两大技术途径。减少源头氮、磷污染量主要通过改变肥料结构、施肥时间、施肥方法等，前面几节已重点叙述，不再赘述。本节主要从对控制氮、磷负荷的排放这个层次进行，通过拦截和净化等途径降低氮、磷污染物的负荷排放，达到减少对周边环境污染的目的。

一、稻田氮磷污染物的产生和迁移

(一) 产生

稻田氮、磷污染物主要包括氨挥发、硝化—反硝化作用损失和径流及淋洗损失[9]。

1. 氨挥发损失

氨挥发是指氨自土壤表面或田面水表面逸散至大气的过程,是土壤—植物系统中氮素损失的机制之一。当土表或田面水表面的氨分压(即与液相中的氨相平衡的气态氨的浓度,也可用压力表示)大于其上大气的氨分压时,即可发生这一过程。研究结果表明,在有利于氨挥发的条件下,通过氨挥发损失的氮可达施入量的 9%~42%,成为氮损失的主要途径。不同稻区、不同季节的土壤 pH 值不同、光照强度差异大等原因,氨挥发在氮损失中的重要性也不相同,北方石灰性土壤上的单季稻田和南方非石灰性水稻土上的双季晚稻田中氨挥发严重,而南方非石灰性水稻土上的单季稻田中则较低。

2. 硝化—反硝化作用损失

硝化—反硝化作用损失也是稻田氮损失的主要途径之一。硝化作用是在通气条件下由土壤微生物(细菌、真菌和放线菌等)把氨和某些胺及酰胺化合物氧化为硝态氮化合物的过程。土壤的反硝化作用包括化学反硝化和生物反硝化作用。生物反硝化作用是在厌氧条件下,由微生物将硝酸盐或亚硝酸盐最终还原为气态分子氮的过程。稻田土壤中的硝化和反硝化作用,其中间产物可被水溶解,形成的 N_2O 和 N_2 自土壤内逸出,成为土壤氮素损失的基本途径之一。在这两种基本产物 N_2O 和 N_2 中,N_2O 约占 2/3,N_2 约占 1/3。

3. 氮和磷的淋失

氮的淋失是指土壤中的氮随水向下移动至根系活动层以下,从而不能被作物根系吸收所造成的氮损失。由于土壤的吸附和过滤作用,稻田通过淋溶作用而损失的氮,主要是可溶性的硝态氮和铵态氮。

4. 氮和磷的径流损失

氮和磷的径流损失是指土壤中的氮和磷随降雨和灌水等从地面和地下汇入河道、湖泊或海洋等。南方稻田氮磷污染物的产生主要在于南方稻田氮磷肥不合理施用,施用量高,同时水稻主要生育期与雨季同步,由降雨引起的排水(包括地表水和地下水)而引起。我国气象部门规定的降雨强度标准:按 12h计,小雨≤5mm,中雨 5~14.9mm,大雨 15~29.9mm,暴雨≥30mm。大雨和暴雨与稻田氮、磷损失的关系密切。降雨和施肥是影响氮磷素径流输出的主要因子，径流中氮磷素浓度的大小与降雨强度关系很密切。降雨径流中总氮、总磷的流失浓度随着降水量及施肥量的增加而增大；在降水量相似的条件下，施肥后降雨时间的不同是导致径流中氮磷素浓度差异的另一个重要原因。可溶态氮是天然降雨径流流失氮素的主要形态，其中硝态氮又是水稻田降雨径流中可溶态氮素的主要形态，占总氮的 40%~80%。而磷素的流失则不同，磷肥在田表水中的纵深迁移能力较弱，磷素进入水体后主要吸附于土壤层表面，遇大雨后较强的冲击动能引起土壤吸附磷的流失，这是径流磷素流失的主要形式。暴雨时期的地表排水导致的氮、磷损失尤为严重。暴雨雨滴对稻田地表的击溅以及稻田地表冲刷产生的水力侵蚀，造成了结合在土壤颗粒和土壤团聚体中的氮、磷随径流而流失，反映在降雨初期氮质量浓度很高。随径流流失是稻田氮磷流失的主要形式，随着降雨的持续，击溅侵蚀效应逐渐减弱，地表排水中的氮、磷浓度迅速下降。

北方则主要由于氮磷肥的不合理施用以及不合理的灌排造成的[10]。不合理的灌溉会引起氮磷的大量淋失。不同的排水管理方式也对氮、磷损失的影响不同。水稻田施肥后，可溶解的氮肥主要以硝态氮和铵态氮的形态存于田表水中。通过地下排水可以有效地将这两种氮肥转移到土壤中供稻株吸收利用，从而避免过多的氨挥发损失，提高氮肥利用率。但是过强的渗漏强度排水又容易造成氨氮下移过深、水稻难以吸收的现象。

（二）迁移

氮、磷污染物迁移的主要机理是扩散。包括两个方面：一是氮、磷污染物在土壤圈中的行为；二是污染物在外界条件下（降水、灌溉等）从土壤向水体扩散的过程。其迁移方式按形态划分主要有悬浮态流失（即污染物结合在悬浮颗粒上，随土壤流失进入水体）和淋溶流失（即水溶性较强的污染物被淋溶而进入径流）。

1. 氮、磷迁移的特点

化肥、污水中氮的主要存在形式有两种：NH_4^+-N 和 NO_3^--N。NH_4^+-N 呈球形扩散，而 NO_3^--N 主要以质流方式迁移。一般来说，NO_3^--N 相对比较稳定，而 NH_4^+-N 在土壤中迁移转化相当复杂，分为 3 个层次：即耕作层、下包气带、含水层。NH_4^+-N 进入耕作层后，部分被作物吸取、土壤吸附和在硝化作用下转化为 NO_3^--N 和少量的 NO_2 及 N_2 气体；在下包气带，部分通过下渗和弥散作用迁移到此层的 NO_3^--N，除了继续进行吸附作用之外，还要进行硝化和反硝化作用，形成 NO_3^--N、NO_2 及 N_2 气体；极少量的 NH_4^+-N 和大量的 NO_3^--N 可迁移进入土壤含水层。

磷的流失以吸附作用为主。因为磷与土壤胶粒间亲和力的存在，多数土壤可溶态磷随土壤侵蚀、径流、排水、渗漏进行。磷污染迁移传输方式有两种：一是表面径流传输过程；二是土壤壤中流传输过程。土壤表层（土壤表层 0～5cm）磷的迁移以颗粒态为主，但是磷在壤中流的传输也很明显，且以溶解性磷为主，颗粒态含量很低。

2. 氮、磷迁移的影响因素

降雨和施肥是氮、磷迁移的主要影响因素。氮磷（总氮、水溶性总氮、磷、水溶性总磷）的输出速率与降雨径流过程呈递减变化，总氮、总磷与径流量对地表的侵蚀能力呈正相关，其浓度的递减规律呈抛物线形，并随降雨强度的增大而增大。在单次降雨—径流过程中，氮、磷各种形态的污染物浓度在降雨产流初期较高，随降雨持续时间延长而略有下降。可溶性污染物浓度变化幅度较小，在整个降雨—径流过程中呈较平缓的波浪式变化。而难溶性污染物磷，在整个过程中变化剧烈。在降雨历时、降水量、最大雨强 3 个参数中，降水量与污染物输出量也呈较好的幂指数相关关系。土壤对氮、磷肥有一个最佳吸收量，当使用量超过最大吸收量时就会在土壤中富集形成污染。土壤中氮素的利用效率与使用的深度和方式具有密切关系，利用效率越高，养分流失的潜力越小。化肥使用方式，如固态、液态对养分的流失影响较大。固态施肥，土壤中有效碳将比液态方式持续更长的时间。施肥后氮素在水稻田中的流失更加复杂。前两次施肥期氮的流失占 80% 左右，这对控制氮的流失至关重要。

二、污染物的拦截技术

氮、磷污染物拦截技术主要有控制排水和生态沟渠拦截[11]等。

（一）控制排水

通过控制排水可有效减少氮磷从稻田向沟渠、湖泊等水体排放。一是要控制降雨期间和雨后稻田向排水沟的排水时间。对于降水量较大、且持续时间较长的暴雨，通过控制稻田排水口，推迟降雨期间稻田向田沟的排水时间，可增加田面水深，减轻由于雨滴击溅引起的水流动，降低由于降雨击溅侵蚀和化学侵蚀进入地表水中颗粒和可溶性氮磷的数量，这对于施肥不久的稻田尤为重要。二是控制雨后涝水在排水沟中的滞留时间。增加雨水在农沟中的滞留时间，有利于充分发挥排水沟的湿地功能，减少氮磷排放。

（二）生态沟渠拦截

氮、磷污染物大部分经沟渠流入湖河道汇聚到湖泊。因此采用生态沟渠的生态隔离带技术及沟渠缓冲与截留技术可以减少稻田氮、磷污染物的流失。

生态沟渠是指具有一定宽度和深度，由水、土壤和生物组成，具有自身独特结构并发挥相应生态功能的沟渠生态系统。生态沟渠沟壁和沟底配置多种植物，并设置透水坝、拦截坝和节制闸等辅助性工程设施，使之在原有的排水功能基础上，增加对排水中氮、磷养分的拦截、吸附、沉积、转化和吸收利用。沟壁植物以自然演替为主，人工种植对氮、磷营养物质吸附能力强的植物，生长旺盛，可形成良好的生态景观，如多年生香根草、狗牙根、三叶草、黑麦草等；沟底可全年种植菹草、马来眼子菜、金鱼藻等沉水植物，也可在夏季种植茭白、空心菜等，秋冬季种植水芹菜。沟渠的水生植物要加强管养，定期收获、处置和利用，防止水生植物死亡后沉积水底腐烂，造成二次污染。

三、污染物的净化措施

目前氮、磷污染物净化措施主要有生态塘（堰）处理技术[12]、湿地处理技术[13]、生态浮岛技术[14]等。

（一）生态塘（堰）净化

所谓生态塘（堰）是把塘（堰）中各类水生动植物对太阳能的利用效果纳入人工生态循环系统来确保实现资源生态循环利用的目标，将塘（堰）中动植物食物链产生的各类有机污染物进行分解处理并回收利用，最终实现资源开发利用效益最大化，实现污水处理资源化。

生态塘（堰）水处理系统包括 3 层结构，分别为好养层、兼氧层、厌氧层。在好养层内，好养微生物、藻类、水生植物、鱼类吸收水中营养物质加以繁殖生长。兼氧层在微生物作用下一方面将无机碳转化为有机化合物，另一方面有机物在兼氧菌的作用下分解成气体排出。污水在生态塘缓慢流动的过程中，利用土地—微生物—植物组成的复合生态系统对污水中污染物进行去除，达到净化污水的目的，同时微生物、植物通过吸收水中营养成分繁殖生长。

生态塘（堰）可以种植高效富集氮、磷植物，效果显著，如芦苇、香蒲等挺水植物，塘底种植沉水植物，如马来眼子菜、微齿眼子菜等，搭配种植水生蔬菜。

（二）人工湿地净化

湿地是指被地表水或地下水长期或间断性地淹没或饱和，并通常伴生有优势的水生植被与水生生物的地方，具有强大的生态功能与环境容量。而人工湿地则是通过模拟天然湿地的结构与功能，选择一定的地理位置与地形，根据人们的需要人为设计与建造的湿地，它利用物理、化学和生物的三重协同作用来实现污水的净化。

人工湿地主要由以下 3 部分组成：透水性的基质材料、水生植物（主要指挺水植物）、栖息在根系和基质材料表面的微生物及原生动物。主要利用自然生态系统中的物理、化学和生物的三重协同作用，通过过滤、吸附、共沉、离子交换、植物吸收和微生物分解来实现对污水的高效净化。

根据构型分成表面流人工湿地（SFW）、潜流人工湿地（SSFW）和垂直流人工湿地（VFW），其运行方式和优缺点见表4-7。

表4-7　不同人工湿地运行方式及优缺点

构型	运行方式	优点	缺点
表面流人工湿地（SFW）	污水在填料表面漫流。污染物质的去除主要通过生长在植物水下茎秆上的生物膜来完成	富氧能力较好；利于去除氨氮和耗氧有机物污染物；不被填料的淤堵问题所限制	不能充分利用填料和植物根系的作用，且卫生条件也不好
潜流人工湿地（SSFW）	污水在湿地床内流动，分为水平潜流人工湿地与垂直潜流人工湿地（即垂直流人工湿地）	充分利用系统中微生物、植物、填料的协同作用降解污染物；因此具有较强的净化能力；保温性较好、处理效果受气候影响小、卫生条件较好	容易造成管道淤塞
垂直流人工湿地（VFW）	污水从湿地表面纵向流向填料床的底部；床体处于不饱和状态，氧可通过大气扩散和植物传输进入人工湿地系统	与潜流人工湿地相比还具有以下优点：硝化能力强，占地面积小	控制相对复杂，建造要求较高

（三）生态浮岛净化

生态浮岛是一种针对富营养化的水质，利用生态工学原理，降解水中COD、氮、磷含量的人工浮岛。它能使水体透明度大幅度提高，同时水质指标也得到有效的改善，特别是对藻类有很好的抑制效果。生态浮岛对水质净化最主要的功效是利用植物的根系吸收水中的富营养化物质，例如总磷、氨氮、有机物等，使得水体的营养得到转移，减轻水体由于封闭或自循环不足带来的水体腥臭、富营养化现象。

生态浮岛技术是以可漂浮材料为基质或载体，将高等水生植物或陆生植物栽植到富营养化水域中，通过植物的根系吸收或吸附作用，削减水体中的氮、磷及有机污染物质，从而净化水质的生物防治法，同时通过收获植物的方法将水体中的富营养物质搬离水体，改善水质，创造良好的水环境。

目前应用较多的生态浮岛主要有以下两类。

1. 河道净化用浮岛

不受水位变化影响，即使在旱季，浮岛在河床上依然能够生长，能够抵御较强水流冲击，在雨季，也不会因风浪和水流冲击而散落。浮岛为一体式结构，相比传统浮岛无滞水孔，避免蚊蝇孳生。浮岛内部特殊保温结构，能够安全越冬，保证95%植物再生，无须来年补种植物。

2. 浮田型浮岛

选择兼具净水、观赏及经济价值的水生植物，利用植物发达的根系吸收水中的氮、磷营养物，转换成植物机体，定期收割，将污染物从水中转移。根系附着大量微生物形成高效生物膜。浮岛是鱼类产卵的栖息地，有利于组建完善的生物链。水生植物群落的形成为野生动物和昆虫提供栖居地。污染水体流经植物、动物形成的生态群落，形成持续而稳定的循环净化过程，确保浮床作用水域的水质持续良好。

参考文献

［1］ 张福锁. 测土配方施肥技术要览［M］. 中国农业大学出版社. 2006.

［2］ 凌启鸿. 水稻精确定量栽培理论与技术［M］. 中国农业出版社. 2007.

［3］ 邢文英，李荣. 中国有机肥料养分数据集［M］. 中国科学技术出版社. 1999.

［4］ 张兰，班雁华，龙智翔，等. 不同有机肥料对有机稻米品质的影响［J］. 安徽农业科学，2013，41（22）：9 287-9 289.

［5］ 彭娜，王开峰，谢小立，等. 长期有机无机肥配施对稻田土壤基本理化性状的影响［J］. 中国土壤与肥料，2009（2）：6-10.

［6］ 邓彩清. 有机肥在现代农业中的作用和施用技术［J］. 福建农业科技. 2012（12）：56-58.

［7］ 孙丽宏，王长青，林立萍，等. 近似法计量施用有机肥料对培肥水稻土土壤的研究［J］. 垦殖与稻作，2006（6）：60-62.

［8］ 张道勇，王鹤平. 中国实用肥料学［M］. 上海：上海科学技术出版社，1997.

［9］　朱兆良．农田氮肥的损失与对策［J］．土壤与环境，2000，9（1）：1-6.

［10］　李琴．农田土壤氮素循环及其对土壤氮流失的影响［J］．安徽农业科学，2007，35（11）：3 310-3 312.

［11］　杨林章，周小平，王建国，等．用于农田非点源污染控制的生态拦截型沟渠系统及其效果［J］．生态学杂志，2005，24（11）：1 371-1 374.

［12］　何军，崔远来，吕露，等．沟渠及塘堰湿地系统对稻田氮磷污染的去除试验［J］．农业环境科学学报，2011，30（9）：1 872-1 879 .

［13］　刘文祥．人工湿地在农业面源污染控制中的应用研究［J］．环境科学研究，1997，10（4）：15-19.

［14］　李英杰，金相灿，年跃刚，等．人工浮岛技术及其应用［J］．水处理技术，2007，33（10）：49-51.

第五章　农药减量减污技术

第一节　非化学植保技术

一、农业防治

农业防治是为防治农作物病、虫、草害，综合运用一系列先进的农业技术措施，有目的定向调整和改善作物的生长环境，以增强作物对病、虫、草害的抵抗力，创造不利于病原物、害虫和杂草生长发育或传播的条件，以控制、避免或减轻病、虫、草的为害。农业防治无需为防治有害生物而增加额外成本，无杀伤自然天敌、造成有害生物产生抗药性以及污染环境等不良副作用，可随作物生产的不断进行而经常保持对有害生物的抑制，其效果是累积的，因而符合预防为主、综合防治的策略原则，而且经济、安全、有效。水稻清洁生产的农业防治主要措施有选用抗病虫品种、合理轮间作、调整播期、农艺除草、作物诱杀、灌水灭蛹、打捞菌核等。

（一）选用抗病虫品种

病虫对农作物的为害是农作物高产稳产的重要限制因子，防治病虫为害是实现农业高效可持续发展的重要保证。大量实践表明，在病虫害防治中，选育和利用抗病虫品种是防治病虫害最为安全、经济、有效的措施，既可以减少大量的农药投入，还可节省大量人力物力，又不污染环境，有利于生态平衡和人类健康[1]。国内外多数学者认为，在农业防治中应将重点放在培育和利用抗病虫品种上，如美国 1900 年前农作物种植抗病虫品种仅几千英亩，当前抗病虫品种的种植面积占农业生产总面积竟达 75% 左右，某些农作物甚至高达95% ~ 98%，据报道，美国由于种植抗病虫作物品种，每年增加收益估计至少在 10 亿美元以上。我国在水稻病虫害的综合治理中，种植抗病虫品种也是有效控制病虫害、保护天敌、减少农药使用和降低生产成本的主要措施之一，如湖南省水稻研究所先后选育的多抗早籼中熟品种湘早籼 3 号、湘早籼 19 号、余水糯等品种抗白叶枯病、稻瘟病、白背飞虱、叶蝉，曾在很大程度上对病虫为害起到了有效控制。四川省农业科学院等单位利用水稻品种与稻瘟病菌遗传背景研究的对病虫抗感水平等差异显著的水稻品种多样性种植，控制稻瘟病的效果达 40%以上，且抑制白背飞虱若虫数量效果明显。

抗病虫水稻品种选育和应用在农业生产中作出了较大贡献，对保证水稻高产优质和保护生态环境都具有重要的意义，但由于优势病菌致病性和病虫生物型的变异，存在抗性稳定性差以及抗性单一、兼抗性差等问题，且农作物抗病虫品种的抗性表现与农作物的栽培环境条件也有一定的关系，因此，在种植抗性品种中仍应加强当地该种病虫优势生理小种或生物型的监测，不断更换新的抗性品种，并加强田间栽培管理，科学用水用肥，注意防治其他病虫害并与其他病虫害防治方法相结合。

（二）合理轮（间）作

轮作是指在同一田块上有顺序地在季节间和年度间轮换种植不同作物或复种组合的种植方式。如一年一熟的甘蔗→水稻两年轮作，这是在年间进行的单一作物的轮作；在一年多熟条件下既有年间的轮作，也有年内的换茬，如绿肥—水稻—水稻→油菜—水稻轮作，这种轮作有不同的复种方式组成，因此，也称为复种轮作。轮作是用地养地相结合的一种生物学措施。中国早在西汉时就实行休闲轮作，北魏《齐民要术》中有"谷田必须岁易""麻欲得良田，不用故墟""凡谷田，绿豆、小豆底为上，麻、黍、故麻次之，芜菁、大豆为下"等记载，已指出了作物轮作的必要性，并记述了当时的轮作顺序。稻田轮作可分为等位和不等位轮作，主要有 3 种类型：一是早晚双季稻连作，冬作物年间轮换种植，如肥—稻—稻→油—稻—稻→菜—稻—稻；二是双季早稻或晚稻与旱作物年间轮换种植，如西瓜—晚稻→花生—晚稻—早稻→毛豆以及稻—菇轮作、稻—菜轮作等；三是单季水稻与旱作物年间轮换种植，如稻棉、稻麦、稻菜、稻蔗等年间轮作方式。稻田实行合理轮作有利于改善土壤环境、提高土壤质量、减轻病虫杂草为害、减少化肥农药用量，节本增效。黄国勤等研究表明，稻田轮作与连作比较，明显改善了土壤的理化性状，使得土壤容重下降，而孔隙度增加，土壤通透性大大增强，并可有效阻止土壤次生潜育化和土壤酸化，提高土壤 pH 值，增强植株的抵抗能力，减轻病虫杂草为害[2]，同时稻田轮作系统的总初级生产力、光能利用率、辅助能利用率分别比连作系统高 17.47%、9.87%和 5.0%，氮、磷、钾的养分利用率也同样明显高于连作系统[2]。

间作是指在同一田地上于同一生长期内，分行或分带相间种植两种或两种以上作物的种植方式。间作的作物播种期、收获期相同或不相同，但作物共处期长，其中至少有一种作物的共处期超过其全生育期的一半。间作是集约利用空间的种植方式。水稻间作模式主要有水稻—水蕹菜间作、水稻—慈姑间作、水稻—水芋间作以及水稻品种多样性混合间作等，水稻与水生作物间作在稻区景观多样性复合模式调控下，有助于天敌对虫害的生态控制和控制病害，研究表明水稻与水生作物间种能改善稻田小气候条件，作物田间主要生物群落中天敌、害虫和中性昆虫各类指数与作物构成的种类数呈显著正相关，主要天敌青蛙、蜘蛛、隐翅虫种群发生有显著增长优势，同时，间种模式各作物的叶面积指数均高于单作，水稻及间种作物产量明显提高，差异均达显著水平。水稻品种多样性混合间作则主要是选择抗性和株型差异较大的品种进行组合搭配，在田间形成立体植株群落，充分利用光热和通风条件，减少其他病害的发生。据刘志贤等在稻瘟病常发区研究，晚稻威优 46、新香优 80、湘晚籼 10 号、CHR-1 在单作的情况下，稻瘟病平均发病株率分别为 3.85%、9.09%、35.0% 和 8.57%，平均病情指数分别为 0.18、0.34、3.95 和 0.35；而威优 46、新香优 80、湘晚籼 10 号分别与 CHR-1 混合间作后，稻瘟病平均发病株率则分别为 2.58%、2.77% 和 6.36%，平均病情指数则分别为 0.11、0.13 和 0.25[3]。何琼等研究也表明，水稻品种多样性混合间作可有效地防治和降低水稻稻瘟病、白叶枯病等病害的发病率，防效达 50% 左右，同时可提高单产，一般每公顷增产 600kg 左右。

（三）调整播期

水稻播种移栽的早晚和成熟的迟早与产量高低关系密切，同时直接影响到后茬作物的成熟期和产量，并还可引起昆虫食料条件的变动，导致某些害虫与作物之间的物候关系的失调，从而影响害虫种群的数量。因此，适当调整水稻播、栽期，使作物容易受害的生育期与害虫严重为害的盛发期及病害易发期错开，可减轻害虫主害代的为害和某些病害的发生程度。应用该措施防治水稻病虫害，一般要求播种期的伸缩范围较大而易受病虫害的危险期又较短，当然，具体运用时还应考虑当地的气候条件、品种特性及主要病虫害的发生为害特点。

（四）植物诱杀

许多水稻害虫具有趋绿、趋黄、趋光和趋味等特性，利用害虫的趋性，人为设置器械或诱物来诱杀农业害虫的方法称为诱杀法，包括灯光诱杀、性信息素诱杀和作物诱杀等。植物诱杀是利用害虫的趋性在作物田间有意识地种植小面积害虫嗜好的植物或适于其产卵的植物，引诱它来集中再歼灭之，从而有效地减轻大面积作物的虫害程度。它是一项农业防治与药剂防治相结合的有效措施。

利用植物诱杀害虫的方式是多种多样的，水稻生产中设置治螟诱杀田和种植香根草诱杀螟虫就是较好的有效措施。香根草诱螟技术主要是根据水稻螟虫（二化螟、三化螟）有偏爱在香根草上产卵这一特性，将香根草种植于稻区边角地或稻田，引诱螟虫前来产卵，然后集中消灭之。利用香根草作为诱集植物来诱集诱杀水稻螟虫时，香根草一般种植于稻田的田埂上（非主要过道）、排灌沟两岸（既可诱虫，又可固土护堤，净水截污）、稻田或稻区边角地。在田埂上或排灌沟两边种植，可在田埂两边缘和沿排灌沟两岸并排种植两行，株距30cm 左右[4]；在稻田或稻区边角地种植，宜采用条带式种植的方式，行距约40cm、株距约33cm，主要是以分蘖（分株）的方式来移栽种植，移栽时可在3 月底至4 月初采用打穴植苗的方式，先将香根草种苗刈割留高25cm 左右并分株再栽，每穴栽3~4 根茎蘖，栽后壅土压实并浇水封蔸，定植后约半个月开始返青生长，活棵后可追施氮肥3~4 次，其中返青分蘖期追施2~3 次、秋季追施1 次，施肥量为每蔸施尿素15g 左右，采用雨天撒施或晴天浇泼。香根草移栽后次年及以后不再需要重新种植，只需在每年春季刈割一次并适当追施氮肥即可[4]。在水稻生产上，利用香根草诱杀水稻螟虫的方法和时期，主要根据当地的病虫预测预报并结合实际来调查和观测香根草上的产卵量及卵块孵化进度，并抓住有利时期在香根草上集中施药诱杀，施药适期为蚁螟孵化盛期，施用的药剂及用量有18% 杀虫双水剂每公顷3 000~3 750ml、5% 锐劲特悬浮剂每公顷450~600ml 及8 000IU·mg^{-1}苏云金杆菌可湿性粉剂每公顷3 000~4 500g 等。通过集中诱杀有利于降低害虫的群体发展、大大减轻水稻大田中螟虫的为害、降低螟虫防治成本和减少环境污染，据将香根草应用于绿色水稻生产中的示范结果表明，在田埂上种植香根草防效达45.8%，每公顷纯增收入2 145.0元。

（五）灌水灭蛹

稻田深耕灌水灭蛹控螟技术是一项经济有效的绿色植保技术，该技术是利用螟虫化蛹期抗逆性弱的特点，在春季越冬代螟虫化蛹期统一翻耕冬闲田或绿肥田，灌深水浸没稻桩杀死螟蛹，从而有效降低虫源基数。南方稻区灌水灭蛹一般在 3 月中下旬进行，最迟在 4 月 10 日前耕沤完成，灌水深度一般保持水深 10~20cm（全部淹灭稻桩），浸沤天数在 10d 左右，这样越冬代二化螟蛹和幼虫的死亡率可达 70%~80%。

（六）人工打捞菌核

水稻纹枯病是水稻上的主要病害之一，主要是以菌丝侵染叶鞘和叶片，经扩展蔓延引起水稻倒伏甚至植株枯死，从而造成减产。该病原菌主要以菌核在稻田土壤中越冬，也能以菌丝和菌核在稻草、田边杂草及其他寄主上越冬，遇适温的环境，菌核便萌发产生菌丝侵染水稻，因此田间菌核数量与病害初期发病轻重密切相关，打捞菌核可明显减少菌源，降低发病指数，减少田间用药。据笔者研究表明，打捞菌核后，前期的病情与不打捞菌核的处理虽没有显著差异，但在 7 月 3 日早稻水稻抽穗期调查，打捞菌核的病丛率与不打捞菌核的病丛率有一定的差异、病株率有显著差异，其中打捞菌核的病丛率和病株率分别为 87.78%、45.33%，不打捞菌核的病丛率和病株率分别为 95.56%、55.87%；石桥德等研究也得出，打捞菌核的病情指数明显低于不打捞菌核区，用病情指数进行方差分析，打捞菌核与不打捞菌核的差异达极显著，打捞菌核对稻纹枯病的控制效果为 31.98%[5]。打捞菌核一般在第一次灌水耙田和平田插秧前进行，并应尽可能大面积连片进行和坚持在各季稻田中连续进行，具体操作可用细密的簸箕或布网等工具打捞被风吹集到田角、田边的"浪渣"，带出田外烧毁或深埋；此外，还应注意铲除田边杂草和拔除田中稗草，病草垫栏的肥料则须充分腐烂后施用。

（七）农艺除草

农艺除草是传统的除草方法，主要是在水稻生长过程中通过结合人工或机械中耕、立体种植、水肥管理等农艺措施来控制杂草生长的除草方法。具体措施主要有：通过冬季翻耕晒霜或冬种作物来抑制稻田杂草；采用立体种植的方法来抑制稻田杂草的生长；插秧前持续灌水，使田间土壤保持湿润，以诱发杂草的生长，然后通过数次耕翻和结合人工拔除（人工拔除主要是针对双穗雀等恶性杂草以及水稻生长期间的高龄杂草）来减少杂草基数；插秧后以苗压草、以水压草，即通过合理密植，增加基本苗的数量和对秧苗进行科学的水浆管理等措施，以达到抑制杂草生长的目的；还有就是通过人工或机械中耕及时防除杂草，人工中耕除草时要抓住有利时机除早，除小，除彻底，不得留下小草，以免引起后患，人工中耕除草针对性强，干净彻底，技术简单，不但可以除掉水稻行间杂草，而且可以除掉株间的杂草，并给作物提供了良好生长条件，但工作效率低，机械中耕除草比人工中耕除草先进，工作效率高，但灵活性不高，一般在机械化程度比较高的农场采用这一方法。

（八）其他技术与措施

农业防治方法多种多样，除上述外，水稻清洁生产中农业防治技术措施还有品种布局、合理施肥与科学管水等，具体应用则应结合实际、因地制宜，并做到与其他有效的防治措施结合起来，才能达到经济、高效。

二、物理防治

物理防治是利用简单工具和各种物理因素，如光、热、电、温度、湿度和放射能、声波等防治病虫害的措施。包括最原始、最简单的徒手捕杀或清除，以及近代物理最新成就的运用，可算作古老而又年轻的一类防治手段。水稻清洁生产中病虫害物理防治主要有人工捕杀、器械捕杀、灯光诱杀、食饵诱杀、性信素诱杀以及防虫网育秧等措施。

（一）器械捕杀

器械捕杀是根据害虫的生活习性，设计比较简便的器械进行捕杀有害生物的一种方法。如捕杀田鼠的捕鼠器（鼠夹、鼠笼等）、捕杀稻苞虫用的拍板等除虫器械。其方法简单，绿色环保。

（二）频振灯杀虫

频振灯杀虫属灯光诱杀，该技术是利用害虫趋光、趋波特性，选用对害虫有极强诱杀作用的光与波长，将害虫诱至灯下高压电网触杀的一种先进实用的害虫物理防治技术，具有杀虫谱广、效果好、使用成本低、无污染、操作简便等特点。稻田应用频振式杀虫灯杀虫，一般灯距 $100 \sim 150m$，每盏灯可控制 $2 \sim 3hm^2$ 农田，开灯时间据季节而定。在稻田应用频振式杀虫灯物理杀虫技术能有效地引诱和触杀稻飞虱、稻纵卷叶螟、二化螟等水稻主要害虫的成虫，降低田间害虫基数，并对天敌影响小，同时能减少化学农药对环境及稻米的污染。据笔者在江西省双季稻区开展的频振式杀虫灯应用效果研究表明，在水田应用杀虫灯诱杀的水稻害虫主要涉及 5 个目 10 个科，主要包括稻飞虱、稻纵卷叶螟、二化螟、黏虫、叶蝉、稻瘿蚊等，其中以稻飞虱数量最多，约占总诱虫量的 66.6%，其次为稻纵卷叶螟、二化螟等，从 5 月 1 日至 10 月 31 日单灯累计诱杀水稻害虫 26 146 头，天敌 173 头，益害比为 1：151，益虫主要为瓢虫、蜻蜓、赤眼蜂等（表5-1），大田调查，对二化螟的防效达 60% 左右，对稻纵卷叶螟、稻飞虱的防效达 70% 以上（表5-2）。据郎国兴等在贵州省东部稻田的应用效果，从 5 月 15 日至 8 月 20 日，总开灯 97d，单灯总诱杀虫量 2.297 万头，其中以诱稻飞虱、稻纵卷叶螟效果最好，分别占总诱虫量的 72% 和 27.31%，天敌诱量极少，仅占总诱虫量的 0.027%，对稻飞虱的防效在 85% 以上，对稻纵卷叶螟的防效在 76.6% 以上，对二化螟、三化螟防效果在 85% 以上[6]。

表 5-1　频振式杀虫灯单灯诱虫数量

诱虫时间（月/日）	二化螟（头）	三化螟（头）	稻纵卷叶螟	稻飞虱（头）	稻叶蝉（头）	天敌（头）	其他（头）	合计（头）	益害比
5/1 至 10/31	836	46	2 784	17 532	1 267	173	3 681	26 319	1∶151

表 5-2　频振式杀虫灯田间诱杀效果

调查日期（月/日）	二化螟（头/667m²）			稻纵卷叶螟（头/667m²）			稻飞虱（头/百丛）		
	灯控区	非灯控	防效（%）	灯控区	非灯控	防效（%）	灯控区	非灯控	防效（%）
6/10	475	1 642	71.1	1 145	6 683	82.9	528	1 213	56.5
7/5	214	483	55.7	458	2 376	80.7	607	2 317	73.8
8/15	329	871	62.2	674	2 665	74.7	—	—	—
10/25							642	2 896	77.8

注：表中二化螟、稻纵卷叶螟数据为幼虫和蛹的数量

（三）昆虫性信息素诱杀

昆虫性信息素诱杀技术是利用人工合成的昆虫信息素，在成虫交配期释放，诱捕（杀）雄性成虫或干扰其交配，从而有效控制靶标害虫数量。稻田昆虫性信息素诱杀主要是利用人工合成昆虫信息素诱杀螟虫雄蛾，减少二化螟、三化螟、稻纵卷叶螟等害虫田间落卵量，减轻为害，该项技术具有灵敏度高、选择性强、靶标单一、安全高效、持效长、简便易用、兼容性好等特点，有利于减少化学农药用量，改善生态环境，适合于我国水稻螟虫发生的各稻区。稻田一般选用持效期 2 个月以上的诱芯和干式飞蛾诱捕器，平均每公顷放置 15 个，放置高度以水稻分蘖期距地面 50cm、穗期高于植株顶端 10cm 为宜。

（四）食饵诱杀

食饵诱杀是利用害虫趋化性进行诱杀的一种方法。如利用糖醋毒液诱蛾，可将糖、醋、酒、水按照 3∶4∶1∶2 的比例调匀酿成糖醋液，再在糖醋液内按 5% 浓度加入 90% 晶体敌百虫，搅匀后放于盆内，保持液深 3cm 左右，傍晚放在田间，诱杀成虫。也可在稻田每公顷用约 75 个大谷草把，分别吊在离地

1~1.5m 高的木棍上，每隔 20~30m 插一个，每日清晨抖草把，把落在地上的蛾子踩死，草把应 5d 左右更换一次，换下后烧掉。

（五）黏虫板诱杀

黏虫板是根据某些害虫的趋黄性而研发的一种新型诱捕害虫产品，因此又叫黄板。黄板诱杀是利用害虫的趋黄性，在黄板上涂抹一层高黏度的胶，害虫一旦碰上，便牢牢粘在板上，起到捕捉和杀灭害虫的作用。具有引诱力强、黏捕率高、无害、无污染等特点。在稻田安装放置黄色黏虫板，可有效防治水稻虫害，如稻飞虱、稻蚜虫、稻蓟马等，不仅能节省农药，还省工、省力，且不造成害虫抗药性。黄板诱杀一般每公顷稻田内悬挂 50cm×50cm 或 50cm×70cm 的黄板 300~375 个。

（六）防虫网育秧

防虫网覆盖作为一项新型高效的物理防虫技术已被广泛应用于我国农业生产，且取得良好效果。近年来，随着水稻生产全程机械化和规模化的发展，育秧已是水稻生产的关键环节，防虫网覆盖技术也在水稻育秧过程中得到大范围应用。水稻防虫网育秧通过覆盖在棚架上的防虫网构建人工隔离屏障，不但可改善秧苗生长环境，减轻暴雨冲刷和冰雹危害，阻挡鼠雀的啃食，防止外界环境变化剧烈对秧苗造成伤害，具有保温保湿能力，而且可有效阻隔稻飞虱传毒，对水稻条纹叶枯病具有显著防治效果，有利于减少灌水、施药次数，节省人力物力，生态效益和经济效益显著。陆晓峰等研究表明，防虫网对水稻秧苗期的控虫效果达 100%，对水稻大田前期灰飞虱和条纹叶枯病的防治效果在 90%以上[7]。卢百关等通过对 8 个水稻品种秧田期覆盖防虫网与不覆盖防虫网调查比较发现，防虫网室内秧苗株高、分蘖数、茎基宽度、百株干重等素质指标显著提高，灰飞虱防虫效果高达 99%。

三、生物防治

生物防治就是利用一种生物对付另外一种生物的方法。广义的生物防治大致可分为以虫治虫、以鸟治虫、以菌治虫、以菌治病和其他有益动物的利用（如稻蛙、稻鸭生态种养）等几大类。生物防治具有效果好、成本低，对环境污染小，不产生抗药性，能有效地保护天敌、对害虫的发生有长期的抑制作用，对人、畜、农作物、野生物安全等优点，具有广阔的发展前景。

（一）以虫治虫

利用天敌昆虫防治害虫花费较少且具有持续效果，是生物防治中应用较广的方法之一，近年来得到迅速发展。天敌昆虫可分为捕食型天敌和寄生型天敌两大类，目前在世界范围内利用天敌已成功地控制了130余种害虫。在水稻生产中以虫治虫主要是利用赤眼蜂、蜘蛛、食虫脊椎动物和保护蛙类等防治水稻害虫，利用赤眼蜂防治稻纵卷叶螟，一般在害虫产卵始盛期开始放蜂，每隔2~3d放1次，连续放3次，大面积防治效果一般可达70%以上；利用蜘蛛防治水稻害虫，主要是利用草间小黑蛛、拟水狼蛛、拟环纹狼蛛等捕食稻飞虱、叶蝉、稻纵卷叶螟、稻苞虫、稻螟蛉和蚜虫等，一般一头拟环纹狼蛛一天可捕食害虫4~6只，一头草间小黑蛛一天可捕食害虫2~3只；利用食虫脊椎动物防治水稻害虫主要有养鸭防治水稻害虫等；保护蛙类防治水稻害虫主要是利用蟾蜍、雨蛙和青蛙等捕食水稻大螟、二化螟、三化螟、稻飞虱、稻叶蝉、稻蝗等。

（二）以菌治虫

自然生态系统中，昆虫的疾病是抑制害虫发生的一个重要因素。以菌治虫主要是利用害虫的病原微生物防治害虫，故又称微生物治虫，病原微生物有细菌、真菌、病毒、原生动物、立克次体、线虫等，其中以前三类居多，后两类极少。以菌治虫具有繁殖快，用量少，无残留，无公害，与少量化学农药混合使用可以增效等优点，目前已发现和正在应用的主要有苏云金杆菌（Bt）、核多角体病毒、白僵菌等，如水稻生产中利用苏云金芽孢杆菌（简称Bt）防治螟虫、稻纵卷叶螟、稻苞虫等；利用杀螟杆菌防治稻纵卷叶螟、三化螟；利用白僵菌防治水稻害虫黑尾叶蝉，白僵菌液接触害虫后，通过体壁进入害虫体内，很快萌发菌丝，吸收害虫体液，使害虫变僵发硬而死。

（三）有益动物的利用

水稻清洁生产中利用有益动物的生物防治技术主要有稻田养蛙、稻田养鸭、稻田养鱼等生态种植、养殖技术。该技术主要是利用各种生物种群的相生相克原理，将适宜而有经济价值的物种引入稻田系统中，填充空白的生态位而阻止一些有害的杂草、病虫、有害鸟兽的侵袭，以形成一个具有多样化物种及种群稳定的生态系统，并充分利用高层次空间生态位，使有限的光、气、热、水、肥资源得到合理利用，生产更多的产品。如稻田养鸭，一方面稻鸭共生，另一方面利用生物种间的相克作用，通过鸭子除草灭虫，可有效控制病、虫、草害。

稻田养蛙是利用稻与蛙之间的这种"共生""互利"关系，把种植与养殖有机结合起来的一种高效种植养殖模式，它有利于充分发挥稻与蛙之间的互利作用，既可以减少水稻的病虫害、减少化肥农药施用量、降低生产成本，又能生产出有机稻谷和蛙类，增加农民收入[8-9]。稻田养蛙水稻要选优质、高产、抗病、抗倒伏品种，稻田养蛙幼蛙放养时间宜在稻田秧苗返青成活后，一般每公顷稻田投放规格 30~50g 幼蛙 15 000~30 000 只[10-11]。稻田养蛙由于蛙的粪便、残饵起到了肥水作用，施肥要求坚持"以施基肥为主，多用有机肥，少用化肥"的原则[12]；同时农药使用坚持预防为主、综合防治原则，严格控制使用化学农药。

稻田养鸭是利用家鸭在稻间野养，不断捕食害虫，吃（踩）杂草，耕耘和刺激水稻发育，能显著减轻稻田病、虫、草的为害，同时排泄物又是水稻的优质有机肥，有利于水稻健壮生育，具有明显的省肥省药省工、节本增收和保护环境的多重功效，且生产出的稻米和鸭肉产品优质、无公害。据彭春瑞等研究结果表明，稻鸭共育模式较常规种稻早稻平均增产 4.8%、晚稻平均增产 10.2%，年平均增纯收入 6 909.75 元·hm^{-2}（表 5-3）；稻纹枯病、稻纵卷叶螟、二化螟及稻飞虱的发生和为害也明显降低，其中稻纹枯病的发病率降低了 14.7%，稻纵卷叶螟、稻飞虱的发生与为害则降低了 50% 以上。稻田养鸭应把握好以下几个关键技术要点：一是选用役鸭品种适时孵化、及时驯水、适时放鸭。稻鸭共育一般宜选用体型小、抗逆性强、生活力强、嗜食野生植物等功能较强的小型麻、土鸭品种，并将雏鸭家养 7~10d 后，于插秧后水稻活棵再放入稻田共育，放养密度为每公顷稻田 150~225 只。二是水稻品种应选择株高中等、茎粗叶挺、分蘖力强、抗倒和抗病性好的新品种。三是稻鸭共育模式由于鸭子排泄物的施肥作用，可适当减少肥料的施用量，一般较非稻鸭共育的稻田施肥减少 5%~10%。四是移（抛）栽期保持薄水，扎根返青后坚持浅水勤灌，水深以鸭脚刚好能踩到表土为宜，以后随着鸭子的长大可适当加深水层，抽穗起鸭后，干湿交替壮籽，收获前 5~7d 断水。五是水稻喷药前，把鸭子引诱在鸭舍圈住，待安全期过后，再下田放鸭。六是水稻齐穗期收鸭上岸，以防鸭吃稻穗。

表 5-3　稻鸭共育与常规种稻的产量与效益比较

处理	早稻产量（kg·hm^{-2}）	增产（%）	晚稻产量（kg·hm^{-2}）	增产（%）	年增稻谷（kg·hm^{-2}）	养鸭增收（元·hm^{-2}）	年总产值（元·hm^{-2}）	年利润（元·hm^{-2}）	年增纯入（元·hm^{-2}）
稻鸭共育	7 096.50	4.78	6 537.00	10.23	930.73	6 428.25	29 605.20	15 205.50	6 909.75
常规种稻	6 772.50	—	5 930.25	—	—	—	19 054.13	8 295.75	—

注：表中数据为连续两年试验研究数据平均值

　　稻田养鱼是利用鱼吃虫、吃草、鱼粪肥田，将水稻种植与鱼类养殖有机结合的一种立体种养模式。鱼类是稻田的天然除草工，同时富含氮、磷、钾等营养成分的鱼类排泄物又是优质的稻田肥料；且鱼类在觅食过程中对稻田表土进行翻动，既改良了土壤结构，增加了土壤通透性，又将稻田中大部分虫卵、幼虫吃掉，有利于减轻病虫害发生、减少化肥农药投入、控制面源污染，同时保证稻米质量。稻田生态养鱼首先必须抓好稻田建设改造，做到在春耕前用开挖鱼沟的下层硬土对养鱼稻田四周田埂进行加高、加宽、加固，并在其上安插拦鱼网。开挖鱼沟一般在田埂内侧四周或稻田中心挖出宽度为50~100cm、深度为50~60cm的环田鱼沟或"+、十、#"等形状鱼沟，鱼沟间相互连通。同时，在靠近进水口的田角或田中心挖一个深1m，面积3~5m^{2}大的鱼溜，在鱼溜上用遮阳布或种植丝瓜、扁豆等攀藤植物设置1.5m高的遮阳棚，以备鱼栖息。在稻田相对两角设置进、排水口，并在进、排水口处设置拦鱼栅，下端插入硬土中30cm，上部比田埂高出30~40cm，网的宽度比进、排水口宽40~60cm。具体见下图。稻田养鱼应相应调整种稻栽培技术，首先水稻品种要选择株型紧凑、抗病虫能力强和耐肥抗倒伏的优质高产品种；其次为抵消深水灌溉对分蘖的减少，要在培育壮秧基础上，应增加种植密度和用种量10%~20%，并采用宽行窄株、东西向种植，并适当增加鱼沟两边的栽插密度，以发挥边际效应；再次施肥应以有机肥为主，基肥为主，增加稻田水体中饵料生物量，尽量少施化肥，不施对鱼有害的碳铵等肥料，水的管理以保持一定的水层为主，控蘖也应改用灌深控蘖。

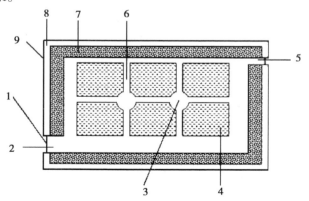

图　稻田养鱼田间工程示意图

1—拦鱼栅；2—进水口；3—鱼溜；4—稻田；5—出水口；

6—鱼沟；7—稻田；8—田堤；9—田埂

第二节 农药高效施用技术

一、农药精准使用技术

农药精准高效使用技术是指在建立作物病虫害预测预报点的基础上，病虫害防治做到"五准"施药。一是用药品种准，二是施药时期准，三是农药用量准，四是打药指标准，五是施药方法准。同时要求做到统防统治，并推广打"送嫁药"（治小田防大田），以提高农药使用效果。

（一）选用合适的农药品种

选择合适的农药剂型和品种是病虫害防治的关键。选用的农药既要对防治对象有较好的防治效果，还要求农药对作物安全无害，对天敌杀伤作用小，还要对环境友好，并考虑合理交替轮换农药品种。如杀虫剂中的杀虫双对螟虫、稻苞虫、稻纵卷叶螟的防治效果较好，但对稻飞虱、稻叶蝉类效果较差。因此，在决定使用一种农药时，必须了解这种农药的性能和防治对象的特点，才能收到预期的防治效果。同时，要求轮换用药和合理复配，实践证明，在一个地区、一块土地上长期连续使用单一品种、同一品种农药，容易使有害生物产生抗药性，防治效果即大幅度降低。因此轮换使用作用机制不同的农药品种是延缓有害生物产生抗药性的有效方法。另外，科学合理地复配混用农药，可以提高防治效果，扩大防治对象，延缓有害生物产生抗药性或兼治不同种类的有害生物，节省人力，延长老品种的使用年限，降低防治成本，充分发挥现有农药的作用，但农药复配切不可任意组合，盲目搞"二合一""三合一"，应做到混用必须增效，不能相互产生化学反应，降低药效，更不能对人、畜产生毒害。

（二）适时施药

病虫杂草及作物在不同的生长发育阶段，对农药的抵抗力有很大的差别，因此稻田用药应根据预测预报和病虫害发生发育及作物的生长阶段特点选择最合适的用药时间，以提高农药使用效果。同时还应尽量避免在天敌繁殖高峰期施药，以减少农药对天敌的影响。选择在害虫对药物最敏感的低龄幼虫期或发生为害初期进行施药，病害则选择在发病前或发病初期进行施药。大风和下雨天气一般不适宜施药，在作物"安全间隔期"内禁止施药。

主要病虫害防治的适宜时期为：防治二化螟一般宜在蚁螟期（卵孵化高峰期）用药，但具体时间则应根据实际情况而定。据黄建明（2008）试验研究，一代二化螟一龄幼虫高峰期施药效果好于二龄幼虫高峰期施药，药后5d相对防效分别为98.04%、77.88%，两者间差异显著；而防治第四代二化螟则由于近年来一季稻的种植越来越普遍，桥梁田增多，世代重叠现象越来越严重，卵孵化高峰期施药已不适应现在的耕作方式，而以晚稻始穗期施药效果最好[13]。防治黏虫和稻纵卷叶螟时，则应掌握在3龄以前进行施药；同时黏虫幼虫白天一般伏在稻丛下部，傍晚以后才爬到稻丛上部，因此，白天用药效果差，而傍晚施药效果好。防治稻曲病施药适期则为水稻孕穗末期破口前5d左右，破口后施药药效不理想，且易产生药害。

（三）适量用药

农药用量应根据病虫害的发生程度，并严格按说明书要求来确定，切不可盲目增加用药量，滥用、过度使用化学农药极易引起害虫的耐药性，造成防效下降。除一些特殊的低浓度粉剂、颗粒剂等农药可以直接使用外，多数剂型需要加水稀释，配制成一定浓度或倍数后再使用，因此用药还必须掌握准确的农药使用浓度，才能收到预期的防治效果，为了做到准确，应该将施用面积量准、药量和水量称准，不能草率估计。

（四）把准用药指标

施用农药不仅要看防治适期，还要看病、虫害的发生数量和为害程度，也即根据病虫害调查结果及防治指标进行防治，不达到防治标准不用药。那么怎样衡量是否达到了防治标准呢？这是个较为复杂的问题，应从多种因素全面考虑，如水稻的品种及其对病虫害的耐受能力、药剂类型、防治方法、防治效果及经济收益等。所以，正确制定防治标准，应掌握几个基本原则：一是经济上要合算。也就是使用较小的防治费用能大大地挽回害虫所造成的经济损失。二是看害虫发生数量，即虫口密度。三是考虑天敌和其他环境对病虫害发生的影响，保护和利用天敌。如稻田稻飞虱发生量较大，本来应该施药，但若这时飞虱的天敌蜘蛛很多，它与飞虱数量比例可达到1：（8～9），就可不必施药。总之，病虫杂害防治标准在生产中应根据实际情况灵活掌握，既不能单纯强调"治早、治小"，也不能错过有利时期。主要病虫害防治指标如下。

螟虫：二化螟、三化螟为害水稻的卵块达到750块·hm^{-2}以上应普遍施药，750块·hm^{-2}块以下可选挑防治，或有枯心团450个·hm^{-2}以上应普治，

450个·hm^{-2}以下可挑选防治。陈昕等研究认为，二化螟为害枯心率达8.5%时应进行药剂防治。

稻纵卷叶螟：稻纵卷叶螟百丛有新虫苞（束叶尖）30个以上的稻田应进行施药防治。

稻飞虱：当百丛有稻飞虱500~1 000只应进行施药防治。

稻瘟病：叶瘟发病中心或急性病斑出现的田块应用药防治。

稻纹枯病：稻纹枯病病丛率达到10%的稻田应进行施药防治。

水稻条纹叶枯病：水稻秧苗期和本田前期介体灰飞虱有效虫量2~3头·m^{-2}应用药防治[14]。

（五）选准施药方法

施药的方法有很多种，各种方法都有它的优缺点，正确选择施药方法的依据有3点：第一，根据农药性能及对作物的敏感性来确定施药方法；第二，根据农药剂型确定相应的施药方法，如水剂、乳油适用于喷雾，粉剂、颗粒剂宜于拌种或撒施；第三，根据天气状况灵活选用相适应的施药方法，如在大风天，不宜用喷雾方法施用广谱性除草剂，而用涂抹的方法，以防雾滴飘移引起作物药害。因此施药时应根据药剂种类、剂型、作物及防治对象的具体条件来选用适当的施药方法，一般药剂的标签上有推荐的方法，此外，施药还要求均匀周到，才能提高防治效果。一般粉剂的喷撒技术比较简单，主要是喷撒均匀，不重喷不漏喷，遇大风时不喷；液剂的喷洒技术比较复杂。

二、农药助剂的应用

（一）有机硅助剂应用技术

有机硅助剂（三硅氧烷）是新一代农用喷雾助剂，具有极强的展着性，能降低药液表面张力，改善药液在作物叶片上的黏着性能，增加喷雾药液覆盖面，促进药液快速吸收，耐雨水冲刷，有利于提高农药的有效利用率，降低农药用量，提高防治效果。一般可使农药用量降低30%~50%。用量因农药品种和剂型而异，在正常条件下（温度25℃以下、空气相对湿度60%以上），除草剂中加入有机硅助剂的量为喷液量0.05%~0.1%，杀虫剂、杀菌剂中加入量为喷液量的0.025%~0.1%（1 000~4 000倍液），植物生长调节剂中加入量为喷液量的0.025%~0.05%（2 000~4 000倍液），使用时要求按量加入摇匀，现混现用。据关成宏报道，在正常条件下，除草剂中加入喷液量0.05%~0.1%的有机硅助剂，除草剂用量降低30%，与除草剂常规用量药效相近；在干旱条件下，除草剂药液中加入喷液量 0.1%的有机硅助剂，可获得稳定的除草效果，药效明显好于除草剂常规用量[15]。杀虫剂、杀菌剂加入喷液量 0.025%~0.1%的有机硅助剂，农药用常规剂量，可增加雾滴滞留时间，提高雾滴分散性，增加药剂吸收，从而提高药效。陈轶应用研究表明，在用毒死蜱防治稻纵卷叶螟时，加入喷液量的 0.1%~0.05%GE 有机硅助剂，能减少 1/3 的农药用量而达到相同的防效，同时可减少喷液量，节约水源和劳动力，且对水稻生长无不良影响[16]。

（二）松节油在农药增效剂及杀虫剂中的应用

松节油是绿色可再生资源，是中国产量最大的林产精油之一，其深加工利用的研究开发工作一直比较活跃。在松节油的精细化学产品之中，有药理活性产品，同时还有许多具有生物活性的农用及家用化学品，如农药增效活性、驱虫或引诱活性、除草活性、抗菌、杀菌活性等。近年来，国内外在这方面的研究进展可喜，尤其是在农药增效剂及杀虫剂的应用方面。如松节油合成农药增效剂单萜烯基酰亚胺，其与杀虫剂混配使用，能提高杀虫效果，降低用药成本，减少环境污染。另外松节油还可应用于合成低毒或几乎无毒的环保型杀虫剂，如以松节油为基础的单萜烯类、单萜酰胺类化合物，对土壤害虫、螨虫等具有明显的杀虫活性。

（三）其他农药增效剂的应用

农药增效剂是农药助剂中的一类，多为害虫体内多功能氧化酶、羧酸酯酶等生物解酶的抑制剂。农药增效剂的作用机理，主要是抑制或弱化靶标（害虫、杂草、病菌等）对农药活性的解毒作用，延缓药剂在防治对象内的代谢速度，从而达到延长药效有效期，提高其生物活性，减少用量，降低成本，保护生态环境的目的。

对于不同种类的农药而言，选择与其复配的增效剂作用方式不同。好的增效剂不仅能数倍、数十倍提高农药的防治效果，还可延缓抗性产生，延长来之不易的农药品种的生命期。在杀虫剂方面主要有 gy-1 农药增效剂、xg-1 高渗油性增效剂、hwp-2 强力增效剂、利佳倍、增效醚、增效磷、氮酮等。在除草剂方面主要有氮酮、961 农药增效灵、植物源增效剂 SD 等。其中 gy-1 农药增效剂主要用于高效氯氰菊酯、高效顺反氯氰菊酯、爱福丁、氧乐果等乳油增效；农用高渗增效助剂京 5 号等主要用于菊酯类农药，如敌杀死、功夫、氯氰菊酯、氰戊菊酯等；hp-1 用于氧乐果和克螨蚧增效，可提高药效约 6 倍；增效醚主要用于氯氰菊酯、氟氯氰菊酯、溴氰菊酯、氰戊菊酯、杀螟硫磷、敌敌畏等农药增效；ct-901 用于阿维菌素、吡虫清、吡虫啉、水胺硫磷、敌敌畏等农药；增效磷与有机磷（特别是拟除虫菊酯类）等农药混用后对多种害虫均明显增效，且对已产生抗性的有关害虫的防治增效活性也很明显；氮酮对多种农药均有增效作用，如除草剂拿捕净、虎威、丁草胺、乙草胺等；961 农药增效灵、植物源增效剂 SD 则为草甘膦专用增效剂。

三、轮换用药与合理复配

每种农药都有独特的作用机理，但是，病虫草害的适应能力很强，实践证明，在一个地区、一块土地上长期连续使用单一品种、同一品种农药，容易使有害生物产生抗药性，防治效果即大幅度降低。因此轮换使用作用机制不同的农药品种是延缓有害生物产生抗药性的有效方法。另外，科学合理地复配混用农药，可以提高防治效果，扩大防治对象，延缓有害生物产生抗药性或兼治不同种类的有害生物，节省人力，延长老品种的使用年限，降低防治成本，充分发挥现有农药的作用。目前农药的复配混用有两种方法，一种是农药厂把两种以上农药原药混配，商品产生；另一种是防治人员根据实际需要，把两种以上农药在防治现场现混现用。

轮换用药不是简单地把几种名称不同的药剂交替使用，而是指作用机理不同的药剂之间的轮换，作用机理相同的不同种药剂交换使用，并不能达到轮换使用的目的。比如，功夫菊酯和其他菊酯类之间的轮换、同为氯化烟碱类的吡虫啉和啶虫脒之间的轮换等，都不合适，因为害虫对它们有交互抗性。

农药复混配也不是简单地把几种药剂混合在一起使用，盲目搞"二合一""三合一"，而应做到混用必须增效，不能相互产生化学反应，降低药效，更不能对人、畜产生毒害。一般需注意以下几个重点技术环节：一是根据田间病虫草害具体发生情况选用成熟的药剂现配现用；二是复配应具有增效作用，能克服或延缓抗性；三是复配药剂剂量的换算应以各自独立计算为依据，适当降低剂量；四是通过合理配比能增加药效，降低成本。水稻生产中采用"菌虫清复配农药"进行稻种浸种处理、"阿维菌素+氟虫双酰胺"防治水稻二化螟、"毒死蜱+三唑磷"防治卷叶螟都具有很好的效果，张福明等研究表明选用17%菌虫清复配农药进行稻种浸种处理能有效控制水稻恶苗病和干尖线虫病等种传病害，其中对恶苗病总体防效可达 91.5%，明显优于单一多菌灵、25%辉丰百克等浸种药剂。

四、3C、3S 等信息高新技术的应用

3C 即计算机（Computer）、通信（Communication）和控制（Control）的简称，3S 即遥感（RS）、地理信息系统（GIS）和全球定位系统（GPS）的简称。3C、3S 等信息高新技术在农业各领域的渗透和交融已成为农业快速、健康、持续发展的新动力和一个世界性的趋势，其在植物保护方面的作用主要体现在提高农药利用率，减少环境污染。

3C、3S 等信息高新技术在植保方面主要是应用于不同农作物和病虫害防治的各种专用高效施药器械，实现精准喷雾作业。目前，在喷雾机上应用图像识别技术和 3S 技术，已使自动对靶喷雾技术取得突破性进展。自动对靶喷雾技术主要有基于地理信息技术和实时信息采集与处理两种系统，自动对靶施药机械能够根据靶标的有无和靶标特征的变化有选择性地对靶施药，有效地提高了农药在作物上的附着率，明显地减少了农药在非靶标区域的沉降，减少了农药的使用数量，降低了生产成本，减少农药对环境的污染。实现了低量、精喷量、少污染、高功效、高防效的精准喷雾。

五、主要病虫害施药技术

水稻清洁生产病虫害防治坚持"预防为主，综合防治"的植保方针，原则上优先采用病虫害绿色防控技术中的农业措施、生物措施、物理措施，但并不意味排斥化学农药的使用，只是在病虫害防治时对化学农药的使用提出更高的科学要求，要求在使用化学农药时，尽量选择国家登记的高防效、高活性、高含量和低毒性、低残留、低污染的化学农药，并做到适时用药。水稻清洁生产过程中，有机、绿色、无公害水稻对农药的选择和要求不同，具体用药选择参照第三章。

（一）水稻主要虫害用药技术

1. 螟虫（二化螟、三化螟）

二化螟防治适期为卵孵化高峰期（蚁螟期）或水稻枯鞘盛期，三化螟防治适期为卵孵化盛期，防治指标为丛害率在 1%以上，即在二化螟、三化螟丛害率达 1%以上时对稻田进行施药防治，一般可结合实际交替轮换用药，施药后最好维持田间水层 2~3d，效果更好。

2. 稻飞虱

稻飞虱药剂防治适期为 2 龄、3 龄若虫盛期，用药注意防治时间要早、水

量要足、喷雾要匀、部位要准，为害重时可用粗水喷雾，让药液沉降到稻株基部。

3. 稻纵卷叶螟

稻纵卷叶螟属迁飞性害虫，成虫有很强的趋绿性，喜在生长繁茂嫩绿荫蔽的稻田里群集，一头雌虫一般可产卵100粒左右，经6d左右孵化，初孵出的幼虫先在嫩叶上取食叶肉，很快即到叶尖处吐丝卷叶，在里面取食，虫龄越大卷苞越大，抗药性越强，越不容易杀死，防治适期为卵孵盛期至1~2龄幼虫高峰期或初见叶尖卷曲（新苞）时，防治指标为稻纵卷叶螟百丛新苞30个以上，即在稻纵卷叶螟百丛有新虫苞（束叶尖）30个以上的稻田进行施药防治。

4. 稻蓟马

稻蓟马世代历期短，在我国南方可终年繁殖为害，但不耐高温，最适宜温度为15~25℃。水稻以秧苗和分蘖期受害最重，早稻秧苗2叶期见卵，4~5叶期卵量最多，本田多产于水稻分蘖期，圆秆拔节后卵量减少。由于稻蓟马繁殖周期短促，应重视田间观察及测报，及时防治，一般在若虫发生盛期，当秧苗百株虫量200~300头或卷叶株率10%~20%、水稻本田百株虫量300~500头或卷叶株率20%~30%时进行药剂防治。防治策略是"狠治秧田，巧治大田；主攻若虫，兼治成虫"。

（二）水稻主要病害用药技术

在防治水稻病害用药时，有机、绿色、无公害水稻对农药的选择和要求也不同，主要病害一般用药时期和指标如下。

1. 稻瘟病

稻瘟病在整个水稻生育期均可发生，根据被害部位不同，可形成苗瘟、叶瘟、节瘟、穗茎瘟和谷粒瘟等病害。防苗瘟、叶瘟在发病初期，防穗瘟在水稻破口抽穗初期，重发田块在齐穗期再施药一次。

2. 稻纹枯病

水稻纹枯病俗名花足秆、烂脚瘟、眉目斑，多发生在高温、高湿条件下，发病快时病斑呈污绿色，叶片很快腐烂，茎秆受害症状似叶片，后期呈黄褐色，易折。纹枯病病丛率达到10%的稻田，每公顷可用20%井冈霉素750~900g或12.5%腊芽·井（12.5%纹霉清）悬浮剂1 800ml等农药对水750kg喷雾。发病初期施一次药，重发田块隔10~15d再施一次药。

3. 稻曲病

稻曲病是水稻生长后期发生的一种真菌性病害，一般在开花后至乳熟期发生，主要为害害谷粒。防治稻曲病用药适期在水稻孕穗后期（即水稻破口前5d 左右），如需第二次施药，则在水稻破口期（水稻破口 50% 左右）施药，破口后施药药效不理想，且易产生药害。

（三）稻田除草技术

在水稻清洁生产过程中，有机稻禁止使用除草剂，绿色、无公害水稻生产中对除草剂的选择可参照第三章，一般用药时期和指标如下。

1. 秧田除草

采取土壤封闭除草技术或杂草出苗后茎叶处理除草技术。土壤封闭除草，在水稻播种后出苗前，可选用 30% 丙草胺乳油，每公顷用 1 500～1 800ml 对水 450kg 均匀喷雾；茎叶处理除草，在秧田杂草 2～4 叶期，可选用 2.5% 五氟磺草胺油悬浮剂，每公顷用 525～750ml 对水 450kg 均匀喷雾。

2. 直播稻田除草

采用"一封二杀三补"的技术措施进行除草。"一封"是指在水稻直播前，可选用 30% 丙草胺乳油，每公顷用 1 500～1 800ml 对水 450kg 均匀喷雾；"二杀"是指在直播田播种 15d 左右，杂草 2～5 叶期，可选用 2.5% 五氟磺草胺油悬浮剂，每公顷用 900～1 500ml 对水 450kg 均匀喷雾，或选用 10% 氰氟草酯乳油，每公顷用 750～1 050ml 对水 450kg 均匀喷雾。"三补"是指在直播田播种 30d 以后，田间还有部分较大的稗草时，可选用 10% 恶唑酰草胺乳油，每公顷用 1 500～1 800ml 对水 450～675kg 均匀喷雾。

3. 大田除草

在水稻抛秧或移栽后 5～7d，抛秧田每公顷用 37.5% 丁·苄可湿性粉剂 750～900g，移栽田每公顷用 25% 乙·苄可湿性粉剂 300～450g，拌土或拌肥撒施，田间保持 3～5cm 浅水 5～7d。

第三节　农药减污技术

一、化学农药绿色替代技术

（一）植物源农药

植物源农药是利用植物所含的有效成分，按一定的方法对受体植物进行施用后，使其免遭或减轻病、虫、杂草等有害生物为害的植物源制剂，包括生物碱、糖苷、有毒蛋白质、挥发性香精油、单宁、树脂、有机酸、酯、酮、萜等物质。从较为广泛的意义上讲，富含这些高生理活性物质的植物均有可能被加工成农药制剂，是目前国内外备受人们重视的第三代农药的药源之一。商品化植物源杀虫剂品种主要包括除虫菊、鱼藤酮、苦参碱、印楝素、烟碱等，其作用机理为毒杀、忌避、拒食、生长抑制以及卵不育[17-18]。世界各国可作为植物性农药应用的植物大约有 2 000 种，中国植物性农药的资源十分丰富，现已知植物性农药的资源植物种类约 500 种，已经明确具杀虫作用的植物大约有 30 个科 100 多种，其中可用于水田的主要商品化植物源杀虫剂品种包括除虫菊、雷公藤、苦楝、烟草等。植物性农药的开发利用主要包括直接利用和间接利用两个方面，利用植物开发的植物源农药，具有不污染环境、病虫害不易产生抗性等特点，在水稻清洁生产中具有广阔的应用前景。

（二）生物农药

生物农药在我国研究并应用至今已有 50 多年的历史，主要品种有 Bt 杀虫剂、农用抗生素（井冈霉素、浏阳霉素、多抗霉素、阿维菌素等）、病毒类农药（斜纹夜蛾核多角体病毒、棉铃虫核多角体病毒等）、真菌类农药（白僵菌、木霉菌等）、植物生长调节类农药（5406 细胞分裂素、赤霉素、脱落酸等）[19-21]。

1. 苏云金芽孢杆菌（简称 Bt）

Bt 乳剂是一种胃毒剂，杀虫谱广，害虫食后能产生一种特殊的酶，这种酶可以分解昆虫肠道中的一种蛋白质，使害虫肠道穿孔，肠道里的东西流入体腔，最后得败血症死亡。在水稻生产中应用，主要用于防治螟虫、稻纵卷叶螟、稻苞虫等，使用时应掌握气温 15℃以上，一般以 20℃为适宜，施用时间应比施用化学农药提前 2~3d。

2. 杀螟杆菌

杀螟杆菌是一种细菌性杀虫剂，杀虫有效成分是由细菌产生的毒素和芽孢，对害虫以胃毒作用为主，害虫取食菌药后，由于毒素的作用，很快就停止取食为害；同时芽孢萌发，侵入虫体内繁殖，致使害虫逐渐死亡。杀螟杆菌对害虫有选择性，只对部分鳞翅目幼虫有效。制剂为粉剂，每克含活孢子 100 亿个以上。杀螟杆菌在水稻上主要用于防治稻纵卷叶螟、三化螟，还能防治稻苞虫等害虫，使用时每公顷用菌粉 1.2~1.5kg，加水稀释喷雾[22]。

3. 白僵菌

白僵菌对水稻害虫黑尾叶蝉有特效。白僵菌液接触害虫后，通过体壁进入害虫体内，很快萌发菌丝，吸收害虫体液，使害虫变僵发硬而死。

4. 阿维菌素

阿维菌素具有高效、广谱、低毒、害虫不易产生抗性、对天敌较安全、环境基本无残留等优点，是目前我国已实现大规模生产的最大农用抗生素品种，其次是井冈霉素和赤霉素。据玉林植保互联网报道，阿维菌素 20ml+氟虫腈 15ml 对稻纵卷叶螟药后 5d、10d、21d 的防效分别为 100%、99.7%、95.3%，药后 21d、28d 保叶效果分别为 98.5%、99.3%，药后 15d 对稻飞虱防效为 85.46%，药后 25d 对二化螟防效为 89.62%。韩丽娟等试验表明，阿维菌素与三唑磷、毒死蜱、杀虫单复配使用，其防效分别达 95%、90%、85%左右。颜日红等试验表明，20%阿维·杀单微乳剂 30~60ml/667m^2，对二化螟的防效达 86%~95%。目前在水稻上应用的产品主要是阿维菌素与毒死蜱、三唑磷、杀虫单、二嗪磷、乙酰甲胺磷、Bt 等进行复配。

5. 井冈霉素

井冈霉素防治水稻纹枯病有特效，它可抑制水稻纹枯病菌丝的生长，有效期长达 15~20d，耐雨水冲刷，对人、畜安全无毒。

6. 农用抗菌素和植物抗菌素

在生产上应用的抗菌素有春雷霉素、庆丰霉素、多抗霉素、土霉素、灰黄霉素、放线菌酮链霉素等。如农抗 120 是一种新型的农用抗生素，对瓜、果、蔬菜、麦类、烟草的白粉病及水稻、麦类的纹枯病，具有很好的防治效果。

7. 秸秆生物农药

秸秆生物农药是利用秸秆作为固体培养基，将秸秆粉碎至 2mm 以下的粉状，输送至气爆室内进行气爆，再加入与秸秆等重的水分输送到高温蒸气处理仓内，进行消毒灭菌及微波处理，将消毒灭菌后的秸秆冷却后均匀地喷洒菌种培养液，再输送到好发仓内进行发酵而制得的。主要应用于土壤中灭杀害虫，具有不污染环境、无残留、害虫不会产生抗药性等优点。

（三）稻糠除草技术

使用稻糠防除稻田杂草具有一定的除草和增肥效果。陈先茂等研究表明，在水稻移抛栽后 5~7d 结合化学除草剂施用将稻糠直接均匀撒施至稻田，施用后田间保持 3~5cm 的浅水层，一般施用稻糠 100~200g·m^{-2}可减少 50%的化学除草剂用量，其除草效果与单用全量化学除草剂的除草效果基本相当（表 5-4），而且可以提高水稻产量[23]。姜英等研究了分别施用稻糠 150g·m^{-2}、200g·m^{-2}、25g·m^{-2}和 300g·m^{-2}对水田杂草抑制的效果，得出不同用量稻糠均有一定灭草效果，杂草株防效在 20.2%~31.1%，且有随着稻糠用量的增大而防效逐渐提高的趋势，同时施用稻糠对水稻实粒数、千粒重具有促进作用，能使稻谷增产 2.4% ~ 6.8%。可见全部应用稻糠代替化学除草剂来达到理想的除草效果还有一定难度，但应用稻糠部分替代化学除草剂，减少化学除草剂用量完全可行。

表 5-4　不同处理药后除草效果

处理	药后 15d 的除草效果（%）					药后 30d 的除草效果（%）				
	鸭舌草	莎草	眼子菜	稗草	总防效	鸭舌草	莎草	眼子菜	稗草	总防效
35%丁·苄 WP 1 650g·hm^{-2}	100.00	100.00	37.50	91.01	89.26 a	60.18	96.16	15.46	87.71	76.51 a
35%丁·苄 WP 825g·hm^{-2}+稻糠 200g·m^{-2}	99.13	100.00	25.00	91.01	86.58 a	76.98	63.46	19.26	77.87	67.87 a
35%丁·苄 WP 825g·hm^{-2}+稻糠 100g·m^{-2}	98.26	100.00	37.50	81.74	87.25 a	88.51	97.12	-46.14	79.52	78.42 a
稻糠 300g·m^{-2}	89.47	100.00	33.38	36.51	76.51 ab	-27.42	85.58	30.80	86.89	47.27 ab
稻糠 200g·m^{-2}	71.92	100.00	45.88	27.25	64.43 bc	-64.59	81.74	46.14	59.01	26.50 b
稻糠 100g·m^{-2}	66.67	100.00	— 8.38	63.76	41.78 c	-61.06	50.00	46.14	65.58	20.76 b
空白对照	—	—	—	—	—	—	—	—	—	—

注：（1）表中除草效果为杂草株防效

（2）数字后小写字母指在 0.05 水平上差异是否显著，字母相同表示差异不显著，否则差异显著

二、喷药器具与标靶施药技术

（一）喷药器具

植物保护喷药器具和农药、防治技术一样被誉为化学防治的三大支柱之一。新中国成立以来化学农药施洒机械得到了较快的发展，特别是 20 世纪 90 年代中后期后速度成倍增长，其间经历了由仿制国外先进产品到自行研制设计、由人力手动喷雾器到机动植保机械和与拖拉机相配套的大中型施药机械，以及在某些地区和领域已得到比较广泛应用的航空施药机械和无人机等几个阶段，主要器械包括手动背负式喷雾器、手动压缩式喷雾器、手动踏板式喷雾器、背负式喷粉喷雾机、担架式机动喷雾机、小型机动喷烟机、拖拉机悬挂或牵引的喷杆式及风送式喷雾机、航空喷雾喷粉设备以及无人机、精准对靶喷雾机等。

施药器械的好坏，直接影响药液使用量以及防治效果。据韦红、易金全等试验研究，使用东方红牌 WFB-18AC 型背负式机动喷雾器新型施药器械，对

稻纵卷叶螟、白背飞虱、稻苞虫进行联片防治，防治效果均达90%以上，与工农16型等老式喷雾器比，喷速快、喷幅大、射程远、雾化效果好，可将药液有效喷洒到稻丛全株各部位，药液喷洒均匀，有利于降低农药使用量，减轻农药对水稻和环境的污染，并且省工、省时[24]；荀栋等研究报道，采用TH80-1植保无人机超低容量喷雾和3WBD-16HBA电动喷雾器大容量人工喷雾两种不同的施药方式对早稻中后期病虫害稻飞虱、稻纵卷叶螟和纹枯病进行防治，植保无人机超低容量喷雾对水稻安全，对水稻分蘖后期主要病虫害稻飞虱、稻纵卷叶螟、水稻纹枯病的整体防效达到91.6%，防治效果和增产效果均优于传统大容量人工喷雾。可见，选用高效施药器械，实现精准喷雾作业，明显有利于节约农药用量、提高防治效果好和农药喷洒的安全性，减轻农药对水稻和环境的污染。

（二）喷雾技术

选用不同的施药器械对施药效果有较大的影响，而不同的施药喷雾技术对施药的效果及其农药利用率也有较大影响，化学防治中施药喷雾技术主要有以下几类，在水稻清洁生产中采用何种技术则应结合生产实际和配有的喷药器械而定。

1. 高容量喷雾技术

高容量喷雾又称粗喷雾，大多采取16型背包式手动喷雾器和36型机动喷雾器施药，每公顷喷洒药液量超过600L，农药以水稀释，药液浓度小于1 000mg·kg^{-1}，是一种针对性喷雾法。高容量喷雾适宜于水源丰盛的农区防治作物基部病虫害，对叶面病虫也有较好的防效，但雾滴容易发生弹跳景象，滚落叶面，农药的散失较多，易造成土壤和水环境污染。

2. 低量喷雾技术

单位面积上施药量不变，将农药原液稍微稀释，采用超低容量喷头喷雾，用水量相当于常规喷雾技术的1/10~1/5，此技术有利于提高作业效率、节俭农药，但操作技巧较严、雾滴受气流影响大，施用不当会产生药害，一般在温室中及山区应用较为广泛。

3. 静电喷雾技术

通过高压静电发生装置，使雾滴带电喷施的方法，药液雾滴在叶片表面的沉积量显著增加，可将农药有效利用率提高到90%。

4. 丸粒化施药技术

对稻田使用的水溶性强的药剂，可采用丸粒化施药技术，只需把药丸均匀撒于农田中即可，工效提高十几倍，且没有农药飘移，不污染邻近作物。

5. 循环喷雾技术

对常规喷雾机具进行重新设计改造，在喷洒部件的相对一侧加装药物回收装置，将没有沉积的靶标植株上的药液收集后抽回药液箱，循环利用，可大幅度提高农药有效利用率。

6. 药辊涂抹技术

主要用于内吸收除草剂的使用，药液通过药辊（一种利用能吸收药液的泡沫材料做成的抹药溢筒）从药辊表面渗出，只需接触到杂草上部的叶片即可奏效。此方法几乎可使药剂全部施在靶标植物表面，不会发生药液抛洒和滴落。

7. 精准对靶喷雾技术

精准对靶喷雾技术是以降低农药使用量、减少药液从靶标上流失和实现精准防控为目的喷雾技术，该技术采用精准对靶喷雾机或机械变量喷雾机，在喷雾机上应用图像识别技术和3S技术，根据靶标的有无和靶标特征的变化有选择性地对靶施药，改变了不管有无防治靶标都采用均匀恒量的施药状况，不仅能有效防治作物病虫草害，而且有利于提高农药在作物上的附着率，减少农药在非靶标区域的沉降，减少了农药的使用量，降低了生产成本和减少农药对环境的污染，是未来农业可持续绿色发展的必然。

三、治小田防大田

"治小田防大田"主要是在"药物浸种"的基础上，移栽前及时对秧田打"超级送嫁药"。超级送嫁药技术在秧田病虫还未扩散前即行防治，能有效地降低病虫基数，减轻大田防治压力，减少大田用药量。具体做法可在秧苗移栽或抛秧前2~3d针对二化螟、稻纵卷叶螟、稻瘟病、稻纹枯病等主要病虫害施药防治，一般每公顷用40%螟施净乳油1 500ml或1%阿维菌素乳油300ml或5%锐劲特900ml+75%瘟失顿可湿性粉剂900g对水450~750kg喷雾。

四、农药降解技术

农药具有成本低、见效快、省时省力等优势，因而在当前农业生产防治作物病虫草害中被广泛使用，但农药是一把"双刃剑"，农药的使用既为作物的增产增收起到了重要的保障作用，同时农药残留及其积聚也对环境及人类健康产生了一定的负面影响。因此如何降解农产品和环境中的农药残留已成为世界各国的研究热点。目前国内外农药残留降解方法主要有超声波技术、吸附、洗涤和电离辐射等物理方法，水解、氧化分解和光化学降解等化学方法，以及微生物、降解酶和工程菌等生物降解方法[25]。

（一）微生物降解

微生物是农药转化的重要因素之一，微生物降解农药的作用机理主要是通过其分泌酶的代谢来完成，其本质都是酶促降解，主要途径有氧化、还原、水解、环裂解、缩合、脱卤、脱羧、甲基化等，降解农药残留的微生物种类主要有细菌、真菌、放线菌、藻类等[26]。早在 20 世纪 80 年代 Michigan 州立大学就首次从污染的河泥中分离出了具有脱氯功能的厌氧微生物，目前国内外学者已从土壤、污泥、污水、垃圾场和厩肥中成功分离出了多种不同农药的降解菌株，这些农药降解菌株的分离筛选为解决我国的农药降解问题奠定了基础，如从施过阿特拉津的土壤中，分离出降解阿特拉津和乙草胺效果明显的细菌，从受农药污染的土壤中筛选得到利用甲胺磷生长的假单胞菌等。

随着生物技术的进步及基因工程的发展，微生物的固定化技术、农药降解酶基因工程的研究也取得了一定的进展。如利用聚乙烯醇包埋活性炭与微生物对水胺硫磷的降解率达到 55%~72%，采用聚乙烯醇加少量海藻酸钠及活性炭的方法对高效降解甲胺磷的细菌假单胞菌 B82 菌株进行固定化，48h 其降解率达 71.45%，远高于未固定化的菌。Lan 等通过在载体 pETDuel 中同时表达有机磷水解酶 OPH 基因 *opd* 和酯酶 B1 基因 *b1*，构建了一株能够同时降解有机磷农药、氨基甲酸酯类农药以及拟除虫菊酯类农药的基因工程菌[25-26]。

（二）吸附法

吸附法降解农药是一个物理过程，主要是通过一些具有吸附性的物质或生物吸附减少农产品和环境中残留农药，如活性炭、树脂等。不少细菌和真菌由于细胞壁可吸附农药，从而降低农药残留的研究也屡见报道，如经热处理的米根霉菌可去除极低浓度的林丹、短小芽孢杆菌（Bacillus pumilus）可吸附农药 1，2，3，4-四氯二苯和一些聚氯二苯呋喃[26]。

（三）水解作用

水解作用是土壤中有机农药降解的重要方式。有机农药中的烷基卤、磷酸酯、环氧化物、氨基等官能团都可发生水解反应，水解速率与 pH 值相关，水解速率可归纳为酸性催化、碱性催化和中性过程，水解可由生物酶引起，也可是纯化学的。如有机磷农药易于水解，在土壤水中的水解速率大于纯水中的水解速率，并可能存在两种机制，一是被土壤中的有机质、矿物质和氮氧化物等许多氧化物所吸附，使有机磷农药发生强吸附催化水解反应，发生快速彻底水解；二是与土壤中的金属离子发生络合作用催化水解反应，这种水解反应的倾向与其所形成络合物或螯合物的能力有关。

（四）光化学降解

光化学降解也称光催化降解，是化学农药在土壤环境中消失的重要途径，是指吸附于土壤固相表面的农药在光的作用下变为激发态而裂解或转化的现象。其原理是通过催化剂作用，有机分子中某一个化学键的键能小于其吸收的光子能量后，反应物分子便进入激发态，激发态分子通过化学反应，消耗能量返回基态引起分子的化学键断裂，生成相应的自由基或离子。如玫瑰红、二苯甲酮对氰戊菊酯具有光敏作用，辛硫磷在 253.7nm 的紫外光照射下产生中间产物，中间产物再逐渐光解消失。

参考文献

［1］ 孙恢鸿，李青．利用农作物抗病虫品种在持续农业中的作用 ［J］．广西植保，2001，14 （1）：20-21．

［2］ 黄国勤，熊云明，钱海燕，等．稻田轮作系统的生态学分析 ［J］．土壤学报，2006，43 （1）：69-71．

［3］ 刘志贤，肖一龙，刘二明，等．利用水稻品种抗性遗传多样性持续控制稻瘟病研究进展 ［J］．作物研究，2003，17 （2）：103-105．

［4］ 陈先茂，彭春瑞，谢江，等．绿色水稻生产中种植香根草诱杀螟虫技术 ［J］．江西植保，2008，（3）：120-121．

［5］ 石桥德，唐振宁，宾莉，等．打捞菌核对水稻纹枯病的控害效果 ［J］．广西植保，2007，20 （2）：4-6．

［6］ 郎国兴，刘泉．频振式杀虫灯在水稻病虫综合防治中的应用效果 ［J］．植物医生，2007，20 （3）：15-16．

［7］ 杨国英，周炜，郭智，等．防虫网覆盖对水稻秧苗生长的影响 ［J］．江苏农业科学，2012，40 （12）：90-92．

［8］ 杨尚昆，谢明宇，孙勇．稻鳅蛙和谐共生模式研究 ［J］．安徽农业科学，2014，42 （32）：11 328-11 329．

［9］ 李为学，王树林．"鱼—虾—蟹—稻"综合高效种养模式 ［J］．湖南农业，2013 （11）：27．

［10］ 万志，李强．稻蛙生态种养技术 ［J］．生态农业，2004 （9）：24．

[11] 蒋静，郭水，荣陈凡，等. 稻蛙共生高效生态种养技术 [J]. 中国水产，2016（4）：74-75.

[12] 邱木清. "稻—蛙"共作生态农业模式对稻田土壤氮素的影响 [J]. 绍兴文理学院学报，2012，31（7）：48-51.

[13] 黄建明. 第一、四代二化螟防治适期研究 [J]. 作物研究，2008，2（2）：106-108.

[14] 王华弟，陈剑平，祝增荣，等. 水稻条纹叶枯病的为害损失及防治指标. [J]. 中国水稻科学，2008，22（2）：203-207.

[15] 关成宏. 用有机硅助剂应用技术 [J]. 现代化农业，2009，355（2）：8.

[16] 陈轶. 应用 GE 有机硅助剂的农药减量增效试验简报 [J]. 上海农业科技，2006（5）：158.

[17] 钱益新. 植物源农药的现状和发展 [J]. 世界农药，2008（30）：6-13.

[18] 谢雪芳. 亟待开发的植物性农药 [J]. 北京农业，2009（1）：50-51.

[19] 刘柱成，周林强. 生物农药在我国农业可持续发展中的应用 [J]. 资源与人居环境，2008（11）：29-31.

[20] 刘明辉，杨荣萍，曾春，等. 现代生物技术在病虫害生物防治中的应用途径和前景 [J]. 江西植保，2009，32（1）：14-16.

[21] 贺伟华，黄长干. 生物农药对我国农业发展的影响及对策分析 [J]. 农业考古，2007（6）：315-317.

[22] 龙耀. 杀螟杆菌的应用 [J]. 农村实用技术，2008（11）：47.

[23] 陈先茂，秦厚国，彭春瑞，等. 稻糠替代化学除草剂控制早稻田杂草的试验初报 [J]. 中国稻米，2010，16（3）：39-40.

[24] 曹春梅，王立新，徐利敏，等. WS-16 卫士型喷雾器精准施药技术试验 [J]. 内蒙古农业科技，2008（3）：65-66.

[25] 钱玉琴，陈巧，董秀云，等. 残留降解技术研究现状与展望 [J]. 质量技术监督研究，2006，6（6）：64-68.

[26] 陈少华，罗建军，林庆胜，等. 农药残留降解方法研究进展 [J]. 安徽农业科学，2009，37（1）：343-345

第六章 废弃物处理与利用技术

农业废弃物量大面广，特别是农作物秸秆。在石化燃料尚未普及的年代，农作物秸秆和薪柴是人们生活用能的基本燃料。在石油、天然气和电能大量使用的今天，农作物秸秆大部分作为废弃物弃之于田野。由于找不到好的出路，农民为了方便在田间耕作，只好将秸秆在田间地头焚烧[1]。焚烧秸秆容易引起空气环境污染、火灾、交通事故、土壤结构破坏和土壤生态失衡等问题。我国的地膜覆盖面积和使用量都是世界第一，农膜年产量达百万吨，且以每年10%的速度递增[1]。随着农膜产量的增加，使用面积也在大幅扩展，现已突破660万 hm^2 大关。农膜具有增温、保湿、保土、保肥、防治害虫等功效，但是农膜给我们农业带来这些方便的同时，也对环境造成了相当的污染。无论是薄膜还是超薄膜，无论覆盖何种作物，所有覆膜土壤都有残留。

据农业部调查估算，我国农膜年残留量高达35万 t[2]。农膜不仅影响土壤物理性状，抑制作物生长发育，造成农作物减产，而且残留的农膜丢弃于田间，积存于渠道，散落于江河湖泊等成为白色污染的重要标志[1]。此外，农药包装废弃物数量也相当巨大，危害惊人。农药包装废弃物散落在田间地头，容易形成污染源，雨水冲刷或药剂蒸发，会破坏生物链，对环境和人类健康都具有长期潜在危害。由于农药包装废弃物在自然环境中很难降解，散落田间、地头后会造成严重的"垃圾污染"。部分农户对废弃物的任意焚烧，加重了大气污染，粉尘颗粒的吸入也极大的影响了身体健康。据农业部相关数据统计，2013年我国农药产值已超过319万 t，用量超过100万 t，每年遗弃在田间地头的农药废弃包装物多达几十亿个，这些都对环境造成了重大污染。

第一节 稻草处理与综合利用技术

稻草产量占全国农作物秸秆总产量的1/5以上。2009年中国稻草总产量为18 443.04万 t，占全国秸秆总产量的21.01%，其中早稻稻草产量占

12.30%，中晚稻稻草占 87.70%（表6-1）[3]。因此，我国稻草资源十分丰富。为了提高稻草这一生态可再生资源的利用效率，近几十年来，人们进行了多方面的试验研究和生产实践，结果都充分地证实了其在土壤肥料、动物饲料、工业原料、食用菌培养料等方面具有绝对的优势和潜力。但众多研究资料也表明，目前我国稻草资源化利用仍呈多元化、低效化和低值化特点，多元化利用于稻草还田、生产沼气、养殖动物、栽培食用菌、造纸等；低效化表现为利用率不高，特别是大部分农村的稻草仍被丢弃或焚烧，部分生产利用也仅仅是稻草单一成分的利用，处理成本较高，而且易造成资源浪费和环境污染，使用效率低下，不能达到有效的循环利用。

表6-1　2009年全国各省（市、自治区）稻草产量

总产量排序	地区	稻草产量（10^4t）		
		合计	早稻	中晚稻
0	全国	18 443.04	2 268.14	16 174.90
1	湖南	2 319.50	550.60	1 768.90
2	江苏	1 802.90	0.00	1 802.90
3	江西	1 651.88	539.78	1 112.10
4	黑龙江	1 574.50	0.00	1 574.50
5	湖北	1 525.24	141.64	1 383.60
6	四川	1 519.94	0.54	1 519.40
7	安徽	1 357.47	102.27	1 255.20
8	广西	968.84	376.24	592.60
9	广东	891.89	353.19	538.70
10	浙江	644.97	46.17	598.80
11	云南	624.55	24.75	599.80
12	重庆	511.30	0.00	511.30
13	辽宁	506.00	0.00	506.00
14	吉林	505.00	0.00	505.00
15	福建	475.14	85.34	389.80
16	贵州	453.10	0.00	453.10
17	河南	451.00	0.00	451.00

因此，加强稻草高效综合循环利用技术的研究，不断提高稻草资源的利用效率和价值，一方面将极大地提高和保持耕地质量，保障农业生产；另一方面将对缓解我国肥料、饲料、能源与工业原料等资源短缺和相互之间的矛盾，确保粮食安全，促进我国国民经济可持续发展都具有深刻意义和重大作用。

一、直接还田

稻草有机质含量在 20% 左右，直接还田不仅能使土壤有机质增加，还有利于土壤腐殖质更新，使土壤形成较多的新鲜腐殖质和一些多糖类物质，因此有利于土壤形成较多的水稳定性团粒结构，并改善土壤的多种物理性质，如土壤容重、孔隙度、耕性、持水、保肥能力等，从而提高了土壤自身调节水、肥、气、热的能力，这对于盐碱土尤为重要。稻草分解后释放的氮素可被作物吸收利用，在配合适量尿素时，当季水稻对稻草氮的利用率为 22%~23%。稻草直接还田能归还其他大量元素和各种微量元素，特别是钾，因为稻草的含钾量较高，而且有效性与化肥相近；稻草中含硅量也较高，稻草直接还田还可作为防止水稻缺硅的综合措施之一。由于稻草直接还田可为土壤微生物提供大量的能量物质，故能刺激各类微生物的增长，促进土壤微生物学过程，可以提高土壤有机质的矿化率。稻草直接还田也为土壤中各种固氮微生物提供了丰富的能量物质，加强了微生物的固氮作用，因而间接地提高了土壤的氮素供应能力[4]。

（一）稻草切碎翻耕还田

水稻成熟后，进行机械或人工收割，一般留茬 10~15cm。将稻草机械或人工切碎成 15~20cm 长，均匀撒在田里，每公顷稻草（干重）还田量为 3 000~3 750kg（如早稻稻草还田，按稻草总量的 1/2 或 2/3）。在稻草还田之后，每公顷选用厌氧性秸秆腐熟剂 30kg，拌土撒施，马上灌水泡田，水深以刚好淹泡秸秆为宜，堆沤 3~5d，然后进行翻耕。这不仅有利于加快稻草的腐解速度，还能减少有毒物质对水稻根系的毒害。为缓解微生物活动耗氮和稻苗生长需氮矛盾，在稻草全量还田的田块，每公顷还应增施碳酸氢铵 75~150kg，这样既能中和秸秆分解产生的有机酸，调节土壤碳氮比，促进微生物活动，加速稻草腐解，又能协调钾氮比，保证水稻发棵所需氮素。

稻草全量还田后既要保持一定的相对湿度，促进秸秆腐解，又要防止甲烷、硫化氢等还原性物质和有机酸的积累对水稻根系毒害。因此在水分管理上，鲜稻草还田时灌水泡田，水深以刚好淹泡秸秆为宜，堆沤 3~5d，然后进行翻耕，保持饱和持水量的 60%~80%，2~3d 后实行平整大田，促进秸秆腐解。若土壤水分不足，应及时灌溉补水，做到早稻浅水、晚稻深水插秧，浅水间歇勤灌活苗、返青、分蘖，晒田期多次轻晒。

由于秸秆是病害、虫害主要传染源之一，因此秸秆还田后应加强田间病虫害的预测预报，及时防治。对稻瘟病、纹枯病和小球菌核病发生严重的地块，应焚烧秸秆消灭菌源或运出地块，不可还田。此外，稻草全量还田后，应注意铺放均匀，整地时，最好是旱耙平耙细后再放水泡田，以免将稻草浮起。

（二）留高桩翻压还田

这一技术的特点是使稻桩留得很高并随着翻耕使其还田，故又称留高桩翻压还田技术[5]。留高桩翻压还田技术主要适合丘岗区山区较平缓地带的早稻草直接还田。收获主要有3种形式：一是机械撩穗收割。二是人工撩穗收割。三是人工留高桩收割。

撩穗收割后应立即翻压，以防稻草被晒干而影响腐解速度。一般为浅水翻耕（水深1~2cm）或干耕干整。翻压有两种形式：一是机械翻压。一般采用小型机械翻压，翻耕、平田均由机械完成。二是人工牛耕翻压，劳动强度较大，但较常规的稻草散施覆盖翻压，具有还田均匀，不成堆，比较省力等特点。施底肥在翻压前进行，在施用其他有机肥的基础上，一般每公顷施复混肥600~750kg。单元素肥料施用速效氮肥碳酸氢铵450~600kg，氯化钾120~150kg，由于后季插晚稻，一般不施磷肥。追肥在插秧后第4~7d内进行，每公顷施尿素150~225kg，有利禾苗前期对氮的需求[6]。前期宜浅水，深2cm左右，自然落干后再灌水，有利于土壤空气流通，协调土壤肥力，既加快秸秆腐解，又防止发生烧苗。双抢期间，容易发生洪水，应及早做好防洪准备，防止洪水淹田、冲刷，造成养分损失。现在劳力紧缺，一般不搞中耕，可采取保持农田一定水层，及时追施尿素，施用后，水面形成一个浮泥层，有控制杂草生长的效果。

（三）易地覆盖还田

所谓易地覆盖，是指将稻草挑离本田，即由甲地转往乙地使用。主要是用于旱作生产如蔬菜、旱粮、旱经及果茶园的地面覆盖。本技术所需稻草主要是晚稻草，早稻草乃至上年存草均可使用。水稻收获时应采取常规的打谷机田间脱粒收获方法。实践证明，众多的旱作物生产均适应该技术推广，应用范围非常广阔。稻草易地覆盖还田能显著提高土壤温度，增加土壤含水量，抑制杂草，具有培肥地力、改善生态、提高产量等显著效果。

二、间接还田

（一）堆沤腐熟还田

秸秆堆沤快速腐熟还田技术是一项高效快速、不受季节和地点限制、堆制方法简便、省工省力的新技术，既是解决我国当前有机肥源短缺的主要途径，也是中低产田改良土壤、培肥地力的一项重要措施。在秸秆资源丰富的地区普遍适用，干草、鲜草均可利用，既可充分利用秸秆资源，又保护生态环境。它不同于传统沤制堆肥还田，主要是利用快速堆腐剂产生大量纤维素酶，在较短的时间内将各种作物秸秆堆制成有机肥进行还田的一种高效、快速的方法。

稻草秸秆要用粉碎机粉碎或用铡草机切碎，长度一般以1~3cm为宜。同时要抓住"水足、药匀、封严"六个字。水足，先将秸秆施足水，按秸秆重量的1.8~2.0倍加水，让秸秆湿透，使秸秆含水量要达到65%（把秸秆抓起用手拧，有水滴滴下即可）以上，确保发酵期所需的水分，这是堆肥成功的关键。药匀，施足腐剂，按秸秆重量的0.1%加速腐剂，另加0.5%~0.8%的尿素调节碳氮比，亦可用10%的人、畜粪代替尿素。堆肥分3层，第一、第二层各厚60cm，第三层厚30~40cm，分别在各层均匀撒速腐剂和尿素（或人、畜粪），用量比自下而上为4:2:2。封严，秸秆堆成垛，宽1.5~2.0m，高1.5~1.6m，长度不限，再用锨轻轻拍实（不可用脚踩），就地取泥（或塑料薄膜）封堆，泥厚2cm左右。一定要将秸秆垛用泥封严，以防水分蒸发、堆温扩散和养分流失，冬季可以加盖薄膜缩短堆沤期。最后在翻堆时加入由固氮、无机磷细菌和钾细菌组成的菌肥，菌肥中的微生物会大量繁殖，施入土中仍能继续生长繁殖，可以固定空气中的氮素，分解土壤中的磷、钾元素，从而大大提高肥效。

秸秆的腐熟标志为秸秆变成褐色或黑褐色，湿时用手握之柔软有弹性，干时很脆易破碎。稻草秸秆腐熟后，可用于任何作物和土壤，主要作基肥，一般每公顷施用3 750kg，并根据作物需要配施化肥，采取有机、无机肥配合施用，以提高肥料利用率。

（二）过腹还田

过腹还田是指稻草先经过青贮、氨化、微贮处理，做饲料饲喂畜禽，经禽畜消化吸收后变成粪、尿再施入土壤还田，使被动物吸收的营养部分有效地转化为肉、奶等，提高利用率。但是，这些生粪不能直接用作肥料，必须经过微生物分解，也就是腐熟处理。过腹还田是一种效益很高的稻草利用方式，但可以缓解发展畜牧业饲料粮短缺的矛盾，增加禽畜产品，还可以为农业增加大量的有机肥，培肥地力，降低农业成本，促进农业生态系统良性循环[1]。

水稻秸秆虽然营养成分低，粗纤维含量高（31%~45%）、蛋白质含量少（3%~6%），但经过适当的加工处理后，补充适量的粗饲料和其他必需营养物质，即可满足牲畜营养需要。我国具有利用农作物秸秆饲养畜禽的传统，并由此培育出了具有高繁殖率、耐粗饲的诸多优良畜禽品种，同时形成了一整套的秸秆饲料化技术。主要有物理处理、化学处理和生物处理3种技术方法。物理处理技术是一种利用人工、机械、热、水、压力等作用，通过改变秸秆的物理性状，使秸秆破碎、软化、降解，从而便于家畜咀嚼和消化的加工方法。实践证明，秸秆未经切短，家畜只能采食 40%~60%，而经过切短或粉碎后的秸秆，可以几乎全部被家畜采食。常用的处理方法主要有切断与切碎处理、揉搓处理、软化处理、热喷处理、膨化处理、颗粒处理、碾青处理等。化学处理方法是利用一些化学物质来处理秸秆，在打破秸秆营养物质障碍的同时，提高家畜对秸秆利用率的一种方法。试验结果表明，秸秆氨化后可使家畜的饲料消化率提高 10%左右。经氨-碱复合处理后，稻草的消化率可提高到 71%。同时，动物的采食量大幅度增加。常用的处理方法主要有碱化处理、氨化处理、酸化处理、氧化剂处理、氨-碱复合处理、碱-酸复合处理等。生物处理方法是利用有益的微生物活性菌种和酶等，在适宜的条件下，分解秸秆中难以被家畜消化的纤维素和木质素，使农作物秸秆变成带有酸、香、酒味，且家畜喜食的饲料。该法具有污染少、效率高、利于工业化生产等特点，以及制作成本低、消化率高、秸秆来源广泛、制作不受季节限制等优势。

（三）菌渣还田

这种还田方式是将稻草作为培育食用菌的原料，种植食用菌后再将其废渣还田，实现稻草的循环利用，使经济效益、社会效益、生态效益三者兼得。据测定，菌渣有机质含量过 11.0%，每公顷施用 30m³ 菌渣，与施用等量的化肥相比，通常可增产稻麦 10.2%~12.5%，增产皮棉 1~2 成，不但节省了成本，同时对减少化肥污染，改善农田生态环境亦有积极意义[1]。

清理蘑菇废料时，用筛子将废料筛出竹片、竹屑、竹篾、铁丝等杂物。用废膜摊地、堆废料，上覆膜防雨，备用。蘑菇废料主要作为水稻的基肥使用，把蘑菇废料均匀撒抛在灌好水的农田，经旋耕机和其他肥料一起充分翻入土中。可防废料上浮水面降低肥效，还可防止水稻后期倒伏。一般每公顷施用废料 11 250kg 左右，蘑菇废料作基肥，肥效快、猛，但后劲不足，因此稻田要注意追肥施用。前期控氮补磷，中后期补氮增钾。适度施苗肥，重点补穗肥，看苗施粒肥。一防中后期贪青，影响抽穗、结实、灌浆；二防后期倒伏；三防早衰[7]。

（四）炭化还田

稻草炭化还田就是利用稻草秸秆在有限氧气供应条件下，并且在相对较低温度下（<700℃）热解后得到的生物炭，然后再将生物炭加工成各类生物质炭基进行还田。稻草炭化还田技术不仅节约了资源，而且有望终结秸秆焚烧污染，将成为我国稻草利用的重要途径之一。

稻草炭化技术是将稻草经晒干或烘干、粉碎后，在制炭设备中，在隔氧或少量通氧的条件下，经过干燥、干馏（热解）、冷却等工序，将秸秆进行高温、亚高温分解，生成炭、木焦油、木醋液和燃气等产品，故又称为"炭气油"联产技术。当前较为实用的秸秆炭化技术主要有机制炭技术和生物炭技术两种。有机制炭技术又称为隔氧高温干馏技术，是指秸秆粉碎后，利用螺旋挤压机或活塞冲压机固化成型，再经过700℃以上的高温，在干馏釜中隔氧热解炭化得到固型炭制品。生物炭技术又称为亚高温缺氧热解炭化技术，是指秸秆原料经过晾晒或烘干，以及粉碎处理后，装入炭化设备，使用料层或阀门控制氧气供应，在500~700℃条件下热解成炭。

生物炭呈碱性，很好地保留了细胞分室结构，官能团丰富，可制备为土壤改良剂或炭基肥料，在酸性土壤和黏重土壤改良，提高化学肥料利用效率，扩充农田碳库方面具有突出效果。利用生物炭开发出的炭基缓释肥和土壤改良剂用于还田，可在减少氮肥投入20%的基础上提高作物产量10%。该技术适用于秸秆资源丰富、密度高、规模大、农户居住较为集中的村镇。

（五）沼肥还田

稻草秸秆等属于有机物质，是制取沼气的好材料。我国的北方、南方都能利用，尤其是南方地区，气温高，利用沼气的季节长。制取沼气可采用厌氧发酵的方法，此方法是将种植业、养殖业和沼气池有机结合起来，利用秸秆产生的沼气进行做饭和照明，沼渣和沼液可作为肥料还田。沼肥由沼液及沼渣组成，是生物质经沼气池厌氧发酵的产物。

利用稻草生产沼肥技术要点为：①稻草铡短。利用铡草机将稻草铡成3~6cm，每立方米沼气池需秸秆50kg以上。②稻草润湿。将铡好的稻草加水进行润湿（比例1∶1），操作时边加水边翻料，最好用粪水，润湿要均匀。润湿15~24h，用塑料布覆盖，以利稻草充分吸水。③原料拌制。用1kg产甲烷菌剂和5kg碳铵（以8m³为例，400kg秸秆），分层均匀撒到已润湿的稻草上。边翻、边撒、边补充水分，一般需要翻两次使之混合均匀。补充水量320~400kg，地面无积水，用手捏紧，有少量的水滴下，保证秸秆含水率在65%~

70%。④稻草收堆。将拌匀的短稻草自然收堆，堆宽 1.2~1.5m，堆高为 1~1.5m（按季节不同而异），热天宜矮，冬天宜高。并在料堆四周及顶部每隔30~50cm 用尖木棒扎孔若干，以利通气。⑤稻草堆沤。用塑料布覆盖，防止水分蒸发和下雨淋湿，覆盖时在料堆底部距地面留 10cm 空隙，以便透气透风。待堆垛内温度达到 50℃ 以上后，维持 3d。当堆垛内能看到一层白色菌丝时，秸秆变软呈黑褐色即可。堆料即可入池。⑥混料入池。将堆沤好的稻草趁热直接由发酵池天窗口加入，同时加入碳铵和接种物。为保证加入均匀，应先加进一部分稻草，再加进一部分接种物，如此反复直到进完为止。⑦补水封池。最后补水（温水）至零压水位线外，并在池内料堆上用长杆打孔若干，保证出气顺畅。过于偏酸或过于偏碱的水应调节好酸碱度后再使用。偏酸应加入草木灰或澄清的石灰水溶液，偏碱加醋酸可以调节。用无杂质、沙石的黄黏土捶打揉熟后封池。发酵产生的沼气可作为燃料能源，而沼液和沼渣可以作为肥料直接还田。

三、其他方面

稻草在工业和建筑业等方面还有着广泛用途。稻草可用作造纸原料，稻草在制浆造纸业上已有几百年的应用历史，迄今为止，稻草仍然是我国造纸原料之一。稻草经过预处理后，通过微生物转化作用产生氢气、甲烷、乙醇燃料等能源物质。稻草还可制备联苯酚酸、琥珀酸、四氢呋喃、硅土、柠檬酸、胶黏剂等具有广泛市场前景的工业化学品。如今，我国已成功利用稻草等生物质合成高品位内燃机燃油。此外，稻草还可用于发酵生产生物农药、厌氧发酵生产沼气、制碳、造板和编织草袋等，用途十分广泛，是一种很好的材料资源，应合理开发利用，减少稻草焚烧和随地丢弃带来的环境污染。

第二节　稻糠（壳）处理与利用技术

稻谷加工成大米时不可避免地会产生大量的"副产品"——稻糠（壳），这些"副产品"含有许多种可利用的化学成分。稻糠（壳）不仅可直接还田作为有机肥料和替代农药，还可用作畜禽混合饲料的一种主要成分，经处理后还可产生较高的化工及日化实用价值。

一、直接还田

(一) 施用生稻糠 (壳) 防除杂草

稻糠富含淀粉和粗蛋白、B 族维生素及氮、磷、钾、镁、钙等营养物质，直接还田后在水中降解，释放的营养物质成为水稻生长重要的营养物质。近年来，稻糠在防治水稻田杂草方面的作用日益突显。水田施用稻糠可造成强还原反应，阻碍草籽萌发和草根生长。宋庆乃等认为，稻糠撒施到水田表层，糠质易被微生物分解，在 7d 左右时间内产生大量的二氧化碳和消耗大量的氧气，从而使田面进入强还原状态。二氧化碳的增多可阻碍杂草发根以及生长发育，氧气的极度减少可阻碍草籽的萌发，因而使杂草受到严重抑制或窒息而死[8]。宋庆乃等在总结分析日本许多试验结果后指出，施用稻糠产生的低级有机酸，如醋酸、丙酸、丁酸缬草脂酸、乳酸等对田面 0~2cm 以内的杂草有明显的毒害作用，可抑制杂草发芽生根[8]。张明亮等通过研究也认为，施用稻糠产生的低级有机酸可抑制杂草发芽生根，并具有烧伤根尖、心叶等作用，强还原反应和低级有机酸可使稗草、鸭舌草、牛毛草、雨久花、慈姑等杂草的发芽、发根受到严重抑制 (表 6-2)[9]。

表 6-2　稻糠防治杂草效果 (%)

处理	稗草	鸭舌草	雨久花	泽泻	慈姑	牛毛草	莎草	荆三棱	扁秆藨草	匍茎剪股颖
稻糠 (100g·m⁻²)	98.5	98	100	97.5	100	100	100	99.4	95	96.2
稻糠 (125g·m⁻²)	99.5	100	100	100	100	100	100	100	99	98.5
稻糠 (150g·m⁻²)	99.7	100	100	100	100	100	100	100	100	99.6
常规药剂	100.0	100	100	100	100	100	100	100	100	65.4

另外，稻糠内的有机酸和微生物分解时产生的色素、原料的组织成分与土壤胶体结合及浮游物等，可使田面水浑浊，透明度差，使杂草的光合作用受阻。宋庆乃等还认为，稻糠的糖质分解物乙烯 (C_2H_4) 能抑制杂草的根、茎和侧芽的生长，粗蛋白分解物硫化氢 (H_2S) 能降低杂草根对水和肥料的吸收力。此外，在稻糠分解过程中产生的二氧化碳 (CO_2) 和氨 (NH_3) 也具有抑草作用[8]。水田施稻糠后表面产生黏软稀泥层，也不利于杂草的萌发。据张明亮等的调查，浅耕的水田表面施入稻糠，可使水田浅层 (3~5cm) 在一定的期间内保持还原层在上，氧化层在下的层位特点，使水田表面产生黏软的稀

泥层，在一定程度上也抑制了杂草的萌发[9]。

施用时期和施用量，是影响稻糠除草效果（杂草受害最重、水稻不受害或受害最轻）的两个关键因素。许多人认为，插秧后 7~10d 施用生稻糠 100kg·hm^{-2}左右，是比较适宜的施用时期和施用量。可是，也有早在插秧当时甚至头一年秋收后就把稻糠施下的；也有把用量减到50kg之少或增至225kg之多的。寒冷的地区一般都在移栽 10d 后撒施生稻糠，但也有在 7 日后施用的，施用量大致为 100kg·hm^{-2}。温暖的地区，一般都是在移栽 7d 后撒糠，但也有在插秧前耙地后施用的，施用量为 120~220kg·hm^{-2}。生稻糠最好分次施用，于移栽后第 10d 及第 20d 左右两次施用，可延长除草时效和防止水稻受害，提高除草效果。

（二）施用生稻糠（壳）作有机肥

稻糠本身也是一种重要的有机肥。宋庆乃等认为，稻糠含有大量淀粉和粗蛋白，其中淀粉溶入稻田，可立即为微生物所吸收，能促进稻田水土微生物活性，并经过微生物作用产生大量可供水稻直接吸收利用的营养物质，转变水稻根系边际的磷酸盐为可吸收的可溶性物质，粗蛋白中优质可消化的纯蛋白也相当丰富。另外，还含有热量很高的脂肪及数量可观的维生素和营养元素，尤其是磷酸类物质，是水稻也是微生物所必需的养分，而且磷酸之多优于个别有机肥。近年来许多专家发现，在将生稻糠和未腐熟有机物施于土壤表面或表层时，不仅这些有机物就连土壤自身在微生物作用下也跟着发酵了/整个土层都变成了如同菜蔬淹渍床一样的发酵场，此种有别于堆肥的土壤培肥方式，称为"土体发酵"。土体发酵为水田带来的生产效益是多方面的，一是能改善土壤理化性状，减少肥料流失和地下水污染。二是可为水稻拓宽供肥渠道，产生许多可供水稻直接吸收利用的成分，如氨基酸、NH_3、$H_2PO_4{}^-$、K^+、$SO_4{}^{2-}$、Ca^{2+}、Mg^{2+}、维生素、葡萄糖等。当死亡微生物自行分解并将蓄积于体内的氨基酸、脂肪酸、糖分、矿物质和维生素等释放出来时，又可为生育中期以后的稻根所吸收。三是微生物繁殖过程中产生的分泌物可促进土壤团粒化，团粒吸水后又会形成饱含养分的黏软稀泥层，由于施用稻糠促进了土壤中根圈微生物的活性化，根周边的磷酸盐、硅酸盐可成为可溶性矿物质养分，促进了根的吸收。

稻糠作为有机肥还田比较简单，可在移栽前结合耙地埋入土壤中作基肥；也可在移栽后 5~10d 撒施既充当除草剂又用作有机肥。施用稻糠时要求田面平整，浅耕 5~10cm。必须在无风天，露水干后施用，以防稻糠沾在稻苗叶片上，影响光合作用。因其供肥期限较长，其肥效会延续到水稻需氮时期以后，因而易倒伏和感病。因此，必须选用秆强抗倒、抗病、成熟期较早的优质品种，选择健壮、适龄的秧苗。施用稻糠后应保持 5～10cm 的水层，施用量视土壤肥力而定，一般以 1 500～2 000kg·hm^{-2}为好。

二、间接还田

稻糠有较高的蛋白质含量（15%），而且稻糠中硫氨酸含量几乎是玉米的 2 倍，赖氨酸是玉米的 3 倍。稻糠是不错的畜禽饲料，稻糠的营养高于花生壳粉，稻糠在度荒年代常用于果腹。而稻壳的主要成分为纤维素类和木质素类物质，不易被畜禽消化吸收，因此，不适合直接作为饲料投喂动物[10]。目前，国内外研究采用物理或化学方法处理稻壳生产优质饲料，如将稻壳用碱、氨处理或改性、膨化处理去除稻壳中的硅和木质素可改善消化性能。稻壳饲料可分为统糠饲料、膨化稻壳饲料、稻壳发酵饲料、化学处理饲料，其中采用生物技术生产蛋白饲料更为人们所重视。稻糠（壳）作为饲料经畜禽消化产生粪便后可发酵还田，其原理与稻草过腹还田差不多。此外，还可将稻糠（壳）制成发酵肥或杂合肥，能更好地发挥稻糠的肥效。稻壳还可以作为无土栽培的基质或用于培植食用菌等，将稻壳用 3%～5% 石灰水浸泡 24h，捞起后用水冲洗降碱并沥干，然后混合细米糠、石膏粉、蔗糖等制作培养基，可用来种植蘑菇，产生的菌渣通过处理后可作为有机肥料还田。稻壳间接还田的另一新兴重要技术就是炭化还田，其原理与稻草炭化还田基本一致，也是利用稻壳在空气不足的情况下进行不完全燃烧，然后干馏热解产生出来的一氧化碳和焦油等低沸点的组分，再通过水过滤除去焦油等杂质，得到供发电使用的煤气，中间另外产生的固体废渣，就称之为炭化稻壳，可开发出炭基肥和土壤改良剂用于还田。

三、其他方面

稻糠（壳）在化学工业、建筑行业、食品和医药界等方面都具有广泛的应用。根据稻壳的化学组成，可将它的利用分为三大类：利用它的纤维素类物质，采用水解的方法生产如糠醛、木糖、乙酰丙酸等化工产品；利用它的硅资源生产如泡花碱、活性炭、白炭黑、二氧化硅等含硅化合物；利用它的碳、氢元素，通过热解（气化、燃烧等）获得能源。稻壳、米糠等是大米加工的主要副产品，将其用于榨油，精炼出稻糠油，可大大提高大米加工副产品的综合效益。用稻糠浸出生产出的稻糠油富含各种维生素，已成为生产调和油的原料。稻壳不仅具有良好的韧性，还具有一定的强度，且稻壳颗粒均匀，粒度适中，湿润后体积不膨胀，易于压实，有利于拌和均匀和提高混合料的密实度。因而稻壳可用于轻质保温稻壳板、砌块或砖、水泥制品、保温砂浆、涂料、合成树脂，以及应用于建筑的其他材料。将干净稻壳碾细以后，加水煮、焖，加入含淀粉酶的固体曲或液体曲，搅拌糖化，液体加热浓缩可制糖液。以乙醇为提取溶剂，可从水稻壳中提取黄酮，该化合物不仅对心血管、消化系统疾病有一定疗效，而且具有抗炎、抗菌、抗病毒、解痉等作用。

第三节　投入品废弃物处理技术

农业投入品是指在农业和农产品生产过程中使用或添加的物质。包括种子、农药、肥料、兽药、饲料、饲料添加剂等农用生产资料产品和农膜、农机、农业工程设施设备等农用工程物资产品[11]。粮食安全一直是我国的首要问题，过去的几十年，我们一直在为粮食的增产作努力。粮食产量不断增加，其中，很重要的原因就是化肥、农药、农膜等投入品的增加，但过量的投入品形成加重了种植业的面源污染。

一、农膜残留控制技术

农膜，又称薄膜塑料，包括地膜（也叫农用地膜），主要成分是聚乙烯。主要用于双季早稻防寒育秧，可起到提高地温，保质土壤湿度，促进种子发芽和幼苗快速增长，提高秧苗抗寒能力的作用。

（一）残留农膜对环境污染和危害

目前应用的农膜多为分子量数万到数十万的聚乙烯或聚氯乙烯，具有较高的稳定性，很难分解。难分解的地膜滞留在土壤中，主要分布在 0～20cm 的土层中，这也正是多数浅根作物根系分布的地方，根系很难伸展开，生长自然受到影响。就深根作物而言，在穿透这 20cm 的土层过程中，受到层层农膜阻力，残膜越多阻力越大，生长受害越大。残膜在土壤中不规则的存留，形成一个个形状不一、大小不等的立方体，土壤腐殖质分解受到影响，土壤的通气透水性受到影响，导致土壤结构受到的破坏，营养元素含量低，破坏了土壤的透气性能，阻碍土壤水肥的运转，影响了水稻对水分、养分的吸收，阻碍了根系的生长，从而造成水稻的减产（农膜残留对土壤物理性状的影响见

表6-3[12]）。同时，残膜隔离作用影响水稻正常吸收养分，影响肥料利用效率，致使产量下降。据专家统计，残留农膜造成水稻的减产率为8%～14%。

表6-3　农膜残留对土壤物理性状的影响

农膜残留量（kg·hm⁻²）	含水量（%）	容重（g·m⁻³）	密度（g·m⁻³）	孔隙度（%）
0（对照）	16.2	1.21	2.58	53
37.5	15.5	1.24	2.60	52.4
75	15.9	1.29	2.61	50.5
150	14.7	1.36	2.65	48.6
225	14.3	1.43	2.63	45.7
300	14.5	1.54	2.67	42.3
375	14.4	1.62	2.66	39.2
450	14.2	1.84	2.70	35.7

在塑料添加剂中的重金属离子及有毒物质会在土壤中通过扩散、渗透，直接影响地下水质，阻碍作物的生理代谢，破坏叶绿素和叶绿素的合成，影响植物生长发育；残膜留在地表，加大水土流失，与植物残余物覆盖的土地相比，更多的雨水从覆盖着地膜土地的小沟间流失，降低了土壤的蓄水能力。

此外，土地里残留的地膜一般是通过土壤中的微生物进行降解的，事实表明，对于不同的物质，降解作用也是不相同的，一般表现在速度方面，对于残留的地膜来讲，降解速度相对缓慢，同时在降解的过程中，会生成一些中间产物，这些中间产物在一些特定的环境中会成为环境污染的更大杀手。

因而在农业生产中，应尽量采取措施减少土壤中农膜残留量，特别是在坡度较大，立地条件较差的地区，更应该提高农膜的质量，改进农艺技术，提高农膜回收率，更重要的是开展地膜替代品和新农业技术研究，减少农膜残留污染，保证农业生产的可持续利用[13]。

（二）农膜残留控制技术与途径

1. 推广新型自分解农膜

近年来，为了解决农膜污染问题，国内外科技工作者将目光转向寻找一种可自动分解、不污染环境的自分解膜。自分解农膜是一种双降解农膜，这种农膜具备一般农用塑料薄膜的特点和性能，但与一般农用地膜不同的是铺敷于田间一段时间后，在光照和土壤微生物作用下能自行分解。可降解农膜一般是在聚乙烯等原料中加入光分解剂或易于分解的淀粉等加工而成；加入光分解剂的地膜铺敷于地面，在光照作用下即可分解，而加入淀粉等易分解有机物的地膜即使是埋入土壤，在土壤微生物的作用下经过 2~3 个月时间也可降解，从而有利于消除使用塑料薄膜对环境造成的污染。另一种是可溶性草纤维农膜，这种农膜是由农作物秸秆为原料加工制成。它同一般的超薄农膜相比，厚度一样，仅 0.08mm，其透光率、保温性能及纵横位拉伸强度可和一般超薄农膜相比，其残膜随耕地埋入土壤，2~3 个月后就可溶化分解转化为有机质成为肥料，从根本上消除了塑料薄膜对土壤造成的污染[14]。

2. 开发应用优质农膜

农膜的强度和耐老化性主要与树脂性能、农膜厚度以及是否加入抗氧化剂等有关。田间试验表明，农膜树脂耐老化性能由高到低的顺序为：线性低密度聚乙烯、低密度聚乙烯、高密度聚乙烯。目前中国生产的普通地膜大多为 0.008mm 左右的超薄膜，机械铺膜时非常容易破损，且强度较差，给回收带来很大的难度。试验显示，如果将地膜厚度增加到 0.012mm，加入耐老化添加剂，不仅寿命长，而且增温、保墒效果好，更重要的是可以回收彻底。因此，在新型降解膜没有大量推广时，适当增加普通地膜厚度，是消除残膜污染的一条途径[2]。

3. 重复使用

重复使用就是继续二次使用废旧的农膜，质量相对较好的农膜可实现"一膜两用"或"一膜多用"，广泛使用高新的农业技术，增加对农膜的使用次数，减少农膜的使用数量，从而减少农膜污染[15]。目前，废旧农膜在农村尚未得到广泛地二次利用，这就需要在农村大力推广"一膜两用""一膜多用"、早揭膜、旧膜的重复利用等成熟的技术。重复使用次数取决于农膜破损的程度，因此，在使用农膜时还需注意以下几点：一是防外界损伤。这是影响薄膜使用寿命最重要的因素。比如在安装农膜时没有拉紧，当大风来时，农膜会鼓起并不断快速拍打骨架，造成农膜的损害；老化的竹竿在断裂后容易划破棚膜等。因此，在日常管理中，一定要注意这些细节。二是忌温度过高。在高温天气下，农膜易老化破裂，尤其是农膜与骨架接触的部分，易形成热点，其最高温度可达到 80℃，这一部分的农膜特别容易老化破损。可用白色的塑料带绑在骨架与膜接触的地方，避免农膜受到高温的破坏。三是防农药腐蚀。农药会影响农膜的寿命尤其是含有硫或氯成分的杀虫剂、杀菌剂会破坏农膜稳定性。农民在喷药时一定要小心，不要喷到农膜上。

农膜回收后主要采用以下 3 种保存法：一是塑料袋法，将育秧用过的农膜洗净叠好，用塑料袋装好，扎紧袋口，放在阴凉处；二是湿土埋贮法，将育秧用过的农膜洗净，不要日晒，带水叠好，埋入潮湿的土中，埋贮期间注意保持土壤湿润；三是缸内贮存法，将育秧用过的农膜洗净，整好晾干放入潮湿的缸中，可延缓农膜老化。

4. 回收再生

废旧农膜的再生利用技术分为简单再生和改性再生。简单再生利用就是将回收的废旧农膜经过分类、清洗、破碎、造粒后直接再生成农膜，或者加工成各种模塑制品，如塑料木材和栅栏等。此类利用是废旧塑料利用的最主要方法，其技术投资与成本相对较低，成为许多国家作为再生资源利用的主要方法。而改性再生利用是指将再生料通过机械共混或化学接枝改性后，再进行利用，这类改性再生利用的工艺路线较为复杂，有的需要特定的机械设备。两者均已有较为成熟的工艺。与改性再生利用相比，简单再生利用的技术投资和成本相对更低，选用也更为普遍，但改性再生利用是发展方向。

5. 作为燃料资源

废旧农膜能源化的回收技术主要是将废旧农膜通过高温燃烧一系列流程，获得一些低分子，最后聚合成汽油、柴油和燃料气等能源的过程。这种方式可以有效地集中处理残膜，还可以有效地获得一定量的能源，可谓一举两得。目前，中国石化集团公司组织开发的废旧塑料回收再生利用技术已通过鉴定。把废旧地膜、棚膜回收后再生为油品、石蜡、建筑材料等，既解决了环保问题，又提高了可再生资源的利用率和经济效益，为治理废旧农膜对环境造成的白色污染开辟了一条经济有效的途径。把废弃农膜经催化裂解制成燃料的技术，采用该项技术设备在连续生产的情况下，日处理废弃农膜能力强，出油率可达40%~80%，汽柴油转化率高，符合车用燃油的标准和环境排放标准。

另外一种方法就是利用其燃烧产生的热能。由于废旧农膜的热值极高，可达到 10 278~10 833kcal·kg^{-1}，其热能回收颇具潜力。这方面技术研究，主要集中在废旧农膜早期处理设备、后期焚烧设备和热能转化利用设备等方面。焚烧方法省去了废旧农膜前期分离等繁杂工作，但设备投资大、成本高、易造成大气污染。目前，专门从废旧农膜中进行能量回收在我国尚不成熟。不过，对于那些难以清洗分选处理、无法回收的混杂废旧农膜，这种方案仍然是值得推荐的。许多发达国家都已建立了专门的处理工厂，如美国已经建立了 200 余座废物能源回收工厂。在日本和德国，能量回收作为一种废塑料的处理方案正在获得效益[2]。

二、农资包装袋及育秧盘等废旧塑料处理技术

当前我国农村的面源污染的污染物主要来源于农田施肥、农药、畜禽及水产养殖和农村居民。在我国，农业生产每年都要使用大量的化肥、农药、抛秧盘、薄膜等农资产品，这些农资包装废弃物全部丢弃在农田、地头、河流、池塘边等，不但严重影响村容村貌，还对土壤、水源等造成污染，危害不小，已成为当今农村重要的污染物之一[16]。废弃农药化肥包装袋是伴随着农药化肥的使用而产生的，它同农药化肥产生的污染一样具有范围广的特点，由于废弃农药化肥包装袋是由农民随意丢弃在田地里的，这种污染发生的时间和地点都是不确定的，同时这些废弃的垃圾袋并不会长时间停留在田地里，遇到漫灌和雨水冲刷后它们往往都流入了当地的水源之中。目前的农药化肥并没有广泛使用可降解塑料包装，这些含有聚乙烯、聚丙烯材料的废弃包装袋进入大自然后很难自然降解，因而这种污染的危害性是持续的，也是更严重的。目前，我国化肥、农药等包装废弃物的简单处理方式是焚烧和深埋。但是随着农资产品种类的不断增多，化学结构越来越复杂，农药包装也随之变化，不当的处理方式反而会造成二次污染。

（一）传统回收技术

1. 填埋

对于一些难处理的塑料，采用大面积填埋，这是一种极为快捷的方法，但会造成二次污染。填埋后，塑料废弃物由于密度小、体积大，因此占用空间面积较大，增加了土地资源压力。塑料废弃物难以降解，填埋后将成为永久垃圾，严重妨碍水的渗透和地下水流通。此外，塑料中的添加剂如增塑剂或色料溶出还会造成二次污染。

2. 直接回收再生

将废旧塑料回收后制造再生塑料颗粒，是废旧塑料回收技术的一大进步。塑料生产的初级阶段由于成本较高，消费量较小，所以生产量不大，且人们对塑料特性要求较低。因此，只需对废塑料进行简单的清洗、分离和破碎就可作为新塑料的原料，可按一定比例加到新塑料中进行循环利用或几种混合加工成复合型塑料。也可运用专用造粒设备将废旧聚乙烯、聚丙烯等塑料通过破碎—清洗—加热塑化—挤压成型工艺，加工生产出市场畅销的再生颗粒。与简单填埋和焚烧处理相比，再生塑料颗粒可以作为塑料工业的原料投入再利用，实现

真正意义上的资源循环利用。

（二）新型回收处理技术

对包装废弃物进行处理，主要是采取一定的方法和手段，使其化学或生物特性、组成发生改变，达到"无害化""减量化"和"资源化"目标的过程，一般的处理技术如下。

1. 预处理技术

包装废弃物预处理是指采用物理、化学或生物方法，将包装废弃物转变成便于运输、贮存、回收利用的处置形态。预处理常涉及包装废弃物中某些组分的分离与集中，因此往往是一种回收材料的过程。预处理技术主要有分选、压实、破碎和脱水。包装废弃物的分选是将各种有用资源采用人工或机械的方法分门别类地分离开来，回收并用于不同的生产中。包装废弃物的压实是减少表观体积，提高运输与管理效率的一种操作技术。压实技术在国外较普遍，我国仅在有限领域内使用。包装废弃物的破碎过程是减少其单个尺寸，使之质地均匀，从而可减少空隙、增大容重的过程。包装废弃物的脱水问题一般用于城市垃圾中包装废弃物与含水量较大的污泥等混合的情况，为了分离出有用的包装废弃物，必须先进行脱水减容，以便分拣和运输。干燥主要用于包装废弃物经破碎、分选后的轻物料，利用这类轻物料进行能源回收或焚烧处理时需要干燥，以达到去水、减重的目的。

2. 化学处理

包装废弃物种类繁多，包装的内容物中有许多是有害的化学物质，使用后往往在包装废弃物中有残留。化学处理法是通过化学反应使包装废弃物中的有害物质变成安全和稳定的物质，使废物的危害性降到尽可能低的水平，属于一种无害化处理技术。

3. 无害化焚烧处理

焚烧处理是利用高温热分解方法，经氧化使包装废弃物变成体积小、对环境危害小的物质。包装废弃物经过焚烧，体积一般可减少 80% ~ 90%。一些包装中的有害物质通过焚烧，可以破坏其组织结构或杀死病原菌，达到解毒、除毒的目的。焚烧法在发达国家中发展较快，已经形成了一套完善的处理工艺和系统的设备，国内尚属起步。其优点是可利用废弃物燃烧所释放的热能，据一般估计，焚烧 1kg（经处理分选后）包装废弃物，可产生 0.5kg 蒸汽，将其充分利用将是一笔不小的资源。回收废塑料经加工处理后用作高炉喷吹燃料炼铁也可以带来较大的经济效益。利用废塑料作燃料烧制水泥是一种高效安全的热量再利用法。燃烧法需要解决的主要问题是如何消除燃烧炉中放出的有害气体，使它们对大气无污染，它制约着燃烧法的推广。

4. 热解处理

由于包装材料中有许多是有机化合物，具有热不稳定性，因此，当其置于无氧或缺氧的高温条件下，在分解与缩合的共同作用下，这类有机物将发生裂解，转化为分子量较小的气态、液态和固态组分。热解处理技术就是利用有机包装废弃物的这种特性，在高温无氧或缺氧条件下进行无害化处理的一种方法。

热解和焚烧相比是完全不同的两个过程。焚烧放热，可以回收利用这部分热量，而热解是吸热的。焚烧的产物主要是二氧化碳和水，无利用价值；而热解的产物主要是可燃的低分子化合物，气态的氢、甲烷、一氧化碳，液态的甲醇、丙酮、乙酸、乙醛等有机物及焦油、溶剂油等，固态的主要是焦炭或炭黑，可以对这些产品进行回收利用。

5. 微生物分解技术

微生物分解技术是指依靠自然界广泛分布的微生物的作用，通过生物转化将包装废弃物中易于生物降解的有机组分转化为腐殖肥料、沼气或其他化学转化产品，如饲料蛋白、乙醇或糖类，从而达到包装废弃物无害化的一种处理方法。这一技术最大的优点是可以回收利用最后产品，达到包装废弃物的资源化利用，是一种前景较好的方法。

总之，无论是传统还是新型的回收技术，都有自己的生命力，但为减轻以至消除废塑料对环境的污染，人们不得不加快对废塑料的处理和回收利用技术的研究开发。除了上述传统技术的改进和新型技术的发展外，人们还在积极研究探讨更新更好的回收技术。

参考文献

[1] 吴远彬. 农业废弃物资源化处理技术 [M]. 农业科技出版社，2006.

[2] 彭春瑞，刘光荣，徐昌旭，等. 农业面源污染防控理论与技术 [M]. 中国农业出版社，2013.

[3] 毕于运，王红彦，王道龙，等. 中国稻草资源量估算及其开发利用 [J]. 中国农学通报，2011，27（15）：137-143.

[4] 林立萍，吕贤友，孙丽宏，等. 稻草直接还田的问题分析 [J]. 北

方水稻，2006（S1）：102-103.

[5]　危长宽．稻草直接还田技术（中）[J]．湖南农业，2009（6）：15.

[6]　危长宽．稻草直接还田技术（上）[J]．湖南农业，2009（4）：14.

[7]　王利芳，董水平．稻草养菇及菇废料还田循环利用技术 [J]．中国稻米，2006，12（3）：39-40.

[8]　宋庆乃，蒲淑英，于佩锋．稻糠稻作，农业生产的一大飞跃——日本水田除草和水稻施肥的新动向（一）[J]．中国稻米，2002（1）：40-41.

[9]　张明亮，韦永刚，张仁山．稻糠在水田中应用研究初报 [J]．北方水稻，2003（3）：27-28.

[10]　李燕红，欧阳峰，梁娟．农业废弃物稻壳的综合利用 [J]．广东农业科学，2008（6）：90-92.

[11]　芦金宏．加强农业投入品和农业废弃物管理 [J]．农药科学与管理，2011，32（12）：6-8.

[12]　赵素荣，张书荣，徐霞，等．农膜残留污染研究 [J]．农业环境与发展，1998（3）：7-10.

[13]　尉海东，伦志磊，郭峰．残留农膜对土壤性状的影响 [J] 生态环境学报，2008，17（5）：1 853-1 856.

[14]　卞有生．生态农业中废弃物的处理与再生利用 [M]．化学工业出版社，2000.

[15]　朱梦诗，刘从九．浅谈我国废旧农膜回收利用现状 [J]．长沙大学学报，2015（2）：101-104.

[16]　田斌．农药包装废弃物治理对策 [J]．植物医生，2014（5）：45-46.

第七章 配套栽培技术

水稻清洁生产要求在水稻种植过程中减少污染物的产生和排放，减轻或避免水稻生产过程污染物对环境的危害，但又要求保障水稻丰产、优质、安全。因此，要求我们采取新的生产措施和技术模式，提高水稻的种植水平，确保在减轻或避免生产过程污染物对环境危害的同时，水稻的产量不下降，而且品质改善和安全性提高。水稻清洁生产是一种新的水稻生产理念和水稻种植方式，在清洁生产模式下要使生产过程对环境无（少）污染，就必须尽可能减少化肥和农药用量，这就可能会导致水稻产量下降，甚至还可能影响米质。为此，必须改变传统的大水、大肥、大药的资源消耗型水稻生产模式，采取相应的配套栽培技术，实行资源节约、环境友好型水稻生产模式，进一步提高资源利用效率，实现水稻生产过程清洁和水稻丰产高效的双重目标。

第一节 培育壮秧

育秧是水稻栽培中第一个重要环节，也是高产的基础工作。秧苗在秧田期中生长的好坏，不仅影响正常分化形成的根、叶、蘗等器官，且对秧苗栽后返青、发根、分蘗乃至穗数、粒数等都有深远的影响。我国农民从生产实践中早就认识到培育壮秧对水稻产量形成的重要性，"秧好一半禾""秧壮产量高"，是农民对培育壮秧的正确而深刻的评价。在清洁生产模式下，充分发挥壮秧的生理优势，对减少化肥农药用量，减轻生产过程污染物对环境的污染，实现水稻清洁生产条件下丰产高效具有重要意义。

一、壮秧在清洁生产中的作用

培育壮秧是水稻增产的重要技术措施。在清洁生产条件下，壮秧能发挥其个体生长生理生态优势，不仅秧田带蘗多，而且生长优势明显，移栽到大田后抗性强、返青快、分蘗早、分蘗多、成穗多，而且有利于大穗形成，有利于在清洁生产条件下仍保持较高产量。

（一）促蘖节肥

水稻是利用分蘖成穗的作物，生产上为了促进水稻前期分蘖，往往通过大量施用分蘖肥来促进分蘖，这种促蘖途径虽然有效，但也带来了无效分蘖大量滋生，养分流失严重，养分利用率低，对环境污染大等弊端；而培育壮秧不仅可以增加秧田分蘖，而且秧苗素质好，生理活性强、根系活力强、吸肥能力强，移栽到大田后利于促进水稻栽后返青和早发，提高分蘖前期的分蘖速率（表7-1）[1]，可在保证分蘖的前提下减少分蘖肥用量，减少氮磷污染物对环境的污染。

表 7-1　壮秧对大田分蘖的影响

季别	技术	单株带蘖数（个）	根系 α-萘胺氧化力（μg·g⁻¹·h⁻¹）	茎鞘含糖量（mg·g⁻¹）	硝酸还原酶活性（μg·g⁻¹·h⁻¹）	栽后 0~15d 苗数日增量（10⁴ 株·hm⁻²）	栽后 15~30d 苗数日增量（10⁴ 株·hm⁻²）	最高苗数（10⁴ 株·hm⁻²）	成穗率（%）
早稻	壮秧	2.27	65.39	11.93	5.61	17.85	16.50	641.3	53.28
	常规	1.27	50.22	7.79	4.61	15.60	20.70	634.5	44.61
晚稻	壮秧	4.02	60.58	14.45	6.21	11.70	10.12	520.19	66.96
	常规	1.54	39.12	13.22	5.70	9.69	13.36	408.44	64.76

（二）提高抗性

提高水稻的抗性以减少生物灾害发生，减少农药用量是实行清洁生产的重要措施之一。壮秧自身生长良好，生理活性强，茎鞘含糖量高（表7-1），有利于栽后能早生快发，因此，壮秧的抗逆性强，能有效抵御外来不良环境的危害，不易受病菌侵害，增强抗病害能力，有利于减少农药用量。

（三）壮蘖增穗

水稻低节位分蘖在拔节后能独立生长成穗而成为有效分蘖，而高节位分蘖常因营养亏缺，生长停滞而死，成为无效分蘖。壮秧在秧田期分蘖多，移栽到大田后前期分蘖速率快而后期分蘖速率慢，有利于促进有效分蘖发生，而抑制无效分蘖发生，提高分蘖成穗率（表7-1），有利于保证清洁生产条件下达到足够的有效穗数。

（四）大穗增产

水稻茎秆维管束数的多少与一次枝梗数密切相关，而茎秆维管束数与秧田期茎秆的粗细密切相关。壮秧苗期个体健壮，茎秆的维管束数多，有利于一次枝梗的分化发育和大穗的形成，进而增加每穗粒数，促进清洁生产条件下水稻的丰产。

二、培育壮秧的原则

（一）适期播种

确定播种期需要重点考虑气候、品种、秧龄弹性、茬口等因素。水稻发芽的最低温度粳稻为10℃、籼稻为12℃，南方双季早稻和北方一季稻一般以稳定通过此温度作为播种的临界温度。但如采用薄膜保温育秧，膜内温度一般高于膜外温度，因此一般以温度稳定通过8℃和10℃分别作为南方双季早稻和北方一季稻粳稻和籼稻播种的起始温度，如采用旱床育秧温度还可低1℃左右；而南方双季晚稻和北方一季稻的播种期要关注安全齐穗期，因为水稻抽穗时温度低于20℃（粳）或22℃（籼）则会影响水稻的开花结实，导致空瘪粒率增加，因此，一般以此作为南方双季晚稻和北方一季稻安全齐穗的温度指标，播种期应以保障水稻能在安全齐穗期前齐穗作为最迟播种的临界期；南方一季稻则重点考虑要避开8月上中旬的高温期抽穗来确定播种期。在临界播种期范围内，根据品种的生育期、秧龄弹性、茬口等确定播种期，确保秧苗适龄，育秧期气候能满足秧苗生长的需要，大田生长期又不易遇到不良天气危害。

（二）稀播匀播

稀播匀播是培育壮秧的关键措施。由于育秧是在较高密度条件下水稻的苗期生长过程，随着秧苗的生长，个体不断增长，占据的空间越来越大，会导致个体间的养分、水分、光照竞争越来越激烈。当个体生长达到群体所能容纳的最高极限（最大叶面积系数）时，个体的生长就会受到抑制，导致秧苗素质下降。水稻的适宜播种量要根据品种特性、秧龄、种子大小和质量、育秧方式等而综合考虑。总的原则就是要在水稻移栽时群体的叶面积系数不会超过最大叶面积系数，此为大苗移栽，使个体的生长不会因群体过大而受到抑制；同时要做到播种均匀，不因播种不匀而使局部秧苗因过密或过疏而影响个体生长。

（三）保障养分供应

水稻秧苗在生长过程中需要不断吸收矿物养分供生长。在2叶1心前，秧苗主要利用胚乳自身的营养供生长需要，吸收土壤中的养分较少。而2叶1心期后，胚乳自身的营养基本耗尽，主要通过根系吸收土壤中的养分供生长需要。所以，保障养分供应对培育壮秧十分重要。为此，一是要选择土壤肥沃的田块作秧田；二是要通过提前增施有机肥等措施培肥土壤，提高土壤供肥能力；三是育秧时要施足基肥；四是要看苗适时追肥，一般在 2 叶 1 心期看苗追施"断乳肥"，以防治秧苗养分吸收转型时土壤养分不足而影响生长；在移栽前 3~5d 可施一次"送嫁肥"，促进秧苗积累较多的养分，长出一批短白根，增加产量和大量元素吸收量，提高大田肥料利用率（表 7-2）[2]，而且有利于节省大田施肥量；对秧龄长的秧苗，如果出现缺肥症状，还可在断乳肥和送嫁肥之间再补施一次接力肥，保障不因缺肥而影响秧苗生长。

表 7-2　秧田施送嫁氮肥对双季稻秧苗素质及产量的影响

季别	处理	硝酸还原酶活性（μg·g⁻¹·h⁻¹）	单株根数（根）	秧苗氮素含量（%）	百苗干重（g）	秧田单株氮素积累量（mg）	产量（t·hm⁻²）	大田氮素积累量（kg·hm⁻²）	氮肥表观利用率（%）
早稻	CK	4.68	21.85	2.82	8.80	2.48	7.33	132.82	39.98
	施肥	4.92	22.45	3.34	11.12	3.71	7.51	140.45	44.22
晚稻	CK	11.23	35.33	2.88	45.46	13.09	8.71	155.00	33.94
	施肥	14.57	38.33	3.10	49.28	15.28	9.10	162.71	37.37

（四）协调好水气温的关系

水稻秧苗生长也需要吸收水分供生长需要。缺水会导致光合作用下降，呼吸消耗增多，影响秧苗生长，严重时会导致秧苗枯萎死亡。但水分过多又会导致土壤通气性下降，氧气不足，土壤中有毒物质增多，根系生长不良，根系活力下降，影响养分吸收，导致地上部生长不良。从表 7-3 可知[3]，2 叶 1 心至 7 叶期秧田浅水层或无水层可促进根系生长和秧田分蘖，提高根冠比，防止秧苗徒长，从而改善秧苗素质。特别是秧苗 3 叶期以前，秧苗通气组织尚未形成，吸收氧气主要靠根系，水分过多更易导致缺氧而影响秧苗生长。同时，水分还可以调控育秧期间的温度，如早稻育秧期间突然遇到寒潮来袭，可以灌深水护苗，待寒潮过后再排水，而晚稻育秧期间遇高温可灌"跑马水"降温。

表 7-3　秧田期 2 叶 1 心至 7 叶期灌水深度对秧苗素质的影响

灌水深度（cm）	株高（cm）	单株分蘖数（个）	百苗干重（g）	百苗根重（g）	根冠比
0（保持湿润）	28.5	4.60	55.14	18.92	0.34
1.5~2.0（浅水）	28.1	3.90	52.35	17.21	0.33

（续表）

灌水深度 （cm）	株高 （cm）	单株分蘖数 （个）	百苗干重 （g）	百苗根重 （g）	根冠比
4叶1心前4左右（深水）、4叶 1心后1.5~2.0（浅水）	34.1	3.62	60.70	16.02	0.25
4.0左右（深水）	32.5	3.00	54.38	10.01	0.18

（五）防治病虫草害

病虫草害也是影响培育壮秧的重要因素，病虫为害直接使秧苗生长受阻或植株受损，草害则通过与秧苗竞争养分和光照而影响秧苗生长。同时，秧田的病虫草害还可能带入到大田继续为害水稻生长，增加大田防治的难度。所以，秧田期一方面要防治秧田病虫草害的发生，以免影响秧苗生长，另一方面还要尽可能地不要将秧田的病虫草害带入到大田继续为害。因此，需要加强种子消毒、秧田病虫草害防控，移栽前打送嫁药等技术应用。

（六）应用生长调节物质

应用植物生长调节剂育秧，提高水稻秧苗素质在我国已有几十年的经验了，早在20世纪70年代就有通过应用NAA、乙烯利等控制秧苗徒长和促进壮秧的研究。但目前在水稻育秧中应用最广泛的生长调节剂还是多效唑和烯效唑，两者都属于三唑类植物生长调节剂，经水稻根、茎、叶、种子吸收后，通过木质部到各部位的分生组织抑制细胞伸长，促进分蘖和降低株高。在水稻育秧上都有控制秧苗徒长，促进分蘖，增加叶绿素含量，促进根系生长，提高秧苗抗逆性，抑制秧田杂草生长，促进栽后早发、增加穗数和提高产量的效果（表7-4）。使用方法主要是浸种或1叶1心期至3叶1心期喷施。除直接应用植物生长调节物质外，生产上还利用其能通过根系和种子吸收的特点，将其与肥料等复配制成育秧专用肥料（或制剂）和种子包衣剂，在育秧时作底肥施下或进行种子包衣，同样能起到壮秧效果。此外，含有生长调节物质的一些材料（如沼液）等用于浸种或秧田施用，也有很好的壮秧效果。

表7-4　多效唑对双季稻秧苗素质及产量的影响

季别	处理	株高 （cm）	单株分 蘖数 （个）	单株 总根长 （cm）	百苗干重 （g）	植株 含氮量 （%）	有效穗数 （10⁴个· hm⁻²）	产量 （kg· hm⁻²）
早稻	CK	16.6	—	102.10	6.22	3.80	351.00	6 127.50
	喷多效唑	14.6	—	127.80	6.81	4.20	409.50	6 573.75

（续表）

季别	处理	株高（cm）	单株分蘖数（个）	单株总根长（cm）	百苗干重（g）	植株含氮量（%）	有效穗数（10^4 个·hm^{-2}）	产量（kg·hm^{-2}）
晚稻	CK	44.90	0.55	511.40	—	3.29	276.30	6 637.50
	喷多效唑	38.00	1.55	798.50	—	3.62	380.70	7 260.00

三、种子处理技术

（一）晒种

晒种增强种皮透性，促进酶的活性，增进胚的活力，提高种子的吸收速率，从而提高发芽率和发芽势，促进发芽整齐一致。晒种一般在浸种前 2~3d 进行，选择晴天将稻种摊在竹垫上翻晒 3~4h，注意不在中午阳光过猛的时候晒，也不能把稻种摊在水泥地面和灰沙地上晒，并要薄摊勤翻，以防晒伤种胚，影响发芽。

（二）选种

水稻饱满度不同的种子，发芽率和发芽势有很大差异。饱满种子成熟度好，生理活性强，发芽快而幼苗生长好；而不饱满种子生理活性弱，发芽慢或不能发芽，幼苗期营养供应不足，生长缓慢。如果一起播种生长不整齐，容易造成不饱满种子烂种烂芽。通过选种可使种子纯净饱满，促进发芽整齐，提高发芽率和发芽势。选种可用风选和水选，一般在种子收获时就需要进行风选，将大部分空秕粒除去；在浸种前可以进行水选，常规稻一般用比重为 1.05~1.10 黄泥水、盐水溶液选种，即用 40% 左右的黄泥水或 15% 左右的盐水溶液选种，选后用清水冲洗干净；杂交稻种子价格贵，一般仅用清水选种或用溶液选种后饱满种子和不饱满种子分开进行种子处理和播种育秧，分开管理。

（三）浸种

水稻种子一般要吸到自身重 25% 的水量才开始可以萌动，要吸到自身重 40% 的水量才能正常发芽，因此，为促进发芽出苗整齐一致，一定要使种子浸到足够的时间，以使种子吸足水分。浸种时间与温度、品种及育秧方法等都有很大的关系。温度高吸水速率快浸种时间可短些，温度低吸水速率慢浸种则长些。一般来说，温度 30℃，需浸 24h；温度 20℃，需浸 48h；温度 10℃，需浸 72h，才能使种子吸足水分。旱育秧由于播种后从土壤中吸收水分难，因此浸种时间要长些，湿润育秧由于播种后土壤湿润还可继续吸收水分，因此浸种时间短些也问题不大；常规稻吸水速率慢浸种时间可长些，杂交稻种子吸水速率快浸种时间可短些。一般水稻种子吸足水分的特征是：谷壳半透明，腹白分明可见，胚部膨大。

浸种时要调节好水分与空气的关系，实施间歇浸种，即每浸 10~12h，将种子提出晾干 2~3h，然后再浸，以保证氧气的供应。同时，在浸种过程中，可用一些合适的植物生长调节剂或植物激素或其他营养液浸种，如烯效唑、腐熟的人尿或沼液等。

（四）种子消毒

水稻许多病虫害如稻瘟病、恶苗病、白叶枯病、干尖线虫病都能通过种子带病传播，种子消毒可以将这些种传病虫源杀死，减少秧田和大田危害的风险和用药成本。因此，做好种子消毒工作十分重要，种子消毒一般与浸种结合在一起进行。种子消毒的方法有很多，常见的有如下几种。

1. 温汤浸种

温汤浸种是防治干尖线虫病的有效办法，先把种子放入清水中浸 12~24h，然后移浸于 45~47℃ 的温水中预热 5min，再改浸于 50~52℃ 的温汤中 10min 杀死线虫，而后放入冷水中继续浸种，直至达到发芽要求为止。此法还可杀死稻瘟病、恶苗病等病原体。该方面的优点是不用化学药剂，可用于有机稻和绿色稻生产，缺点是农民难掌握。

2. 石灰水浸种

用 1% 的石灰水上层清液浸种，即先把种子放入清水中浸 12~24h，然后加入石灰水上层清液中继续浸种，浸种过程中不要破坏水面上的石灰膜。同时，水深要高出种子 3cm 以上，对各种病害都有很好的防治效果。该方法的优点也是不用化学药剂，可用于有机稻和绿色稻生产，缺点是效果不太稳定。

3. 化学药剂浸种

先将种子预浸 12~24h，然后用化学农药浸种，如用 250~300 倍的强氯精浸种 12h，对各种病害都有很好的防治效果；用 35% 的恶苗灵 250 倍液浸种 24h 以上，对恶苗病等病害有很好的防治效果。化学药剂浸种后一定要用清水洗净后继续浸种或催芽。该方法的优点是效果稳定而且操作简便，缺点是污染环境，使用不当还会影响发芽。

4. 种衣剂拌种或包衣

种衣剂是由农药、肥料、激素等物质组成的种子包衣剂，用于种子包衣或拌种可防治恶苗病、稻瘟病、干尖线虫病、地下害虫以及防鸟、防鼠等。在播种前拌种然后晾干播种，也可在种子加工时或播种前包衣。该方法的优点是除消毒外还可调控秧苗生长，减少了用化控剂浸种的工序，缺点是农民难自配，需要企业化生产。

（五）催芽

催芽可使出苗整齐，防止烂秧和减少弱苗率，是培育水稻壮秧的重要环节。特别是早稻播种期间气温低，更要保温催芽，催芽过程可分为 4 个阶段。

1. 高温露白

高温露白指种谷开始催芽至破胸露白阶段。种谷露白前，呼吸作用弱，温度偏低是主要矛盾。可先将种谷在 50~55℃温水中预热 5~10min，再起水沥干，上堆密封保温，保持谷堆温度 35~38℃，15~18h 后开始露白。南方二晚和一季稻播种期温度高，可不放在温水中预热，而是在自然条件下保温堆放，通过种子呼吸作用产生的热量达到破胸所需的温度。种子露白后天气好即可播种，天气不好则继续催根促芽。

2. 适温催根

种谷破胸露白后，呼吸作用大增，产生大量热能，使谷堆温度迅速上升，如超过 42℃，持续时间 3~4h，就会出现"高温烧芽"。露白后要经常翻堆散热，并淋温水，保持谷堆温度 30~35℃，促进齐根。

3. 保湿促芽

齐根后要控根促芽，使根齐芽壮。根据"干长根、湿长芽"的原理，适当淋浇 25℃左右温水，保持谷堆湿润，促进幼芽生长。同时仍要注意翻堆散热保持适温，可把大堆分小，厚堆摊薄，使温度保持在 25~30℃。

4. 摊凉锻炼

根芽长度达到预期要求，遇晴天即可播种，播种前把芽谷在室内摊薄炼芽24h 左右，以增强芽谷播后对环境的适应性。遇低温寒潮不能播种时，可延长将芽谷摊薄时间，结合洒水，防止芽、根失水干枯，待天气转好时，抓住冷尾暖头，抢晴天播种，一般催芽要求芽长不超过谷粒的 1/2，根长不超过谷粒长。

四、育秧技术

水稻育秧方式不同，育秧技术也有很大差异，目前我国的育秧方式很多。但目前推广应用面积较大的主要有湿润育秧、抛栽塑盘育秧、机插塑盘育秧、旱床育秧。

（一）湿润育秧

1. 整地

应选择避风向阳、地势平坦、排灌方便、土壤肥沃、熟化程度高、土壤通透性好、杂草少、病虫源少、运输方便、离本田近的稻田做秧田，而且是前一年没有做秧田的田块，最好是水旱轮作的田块。

播种前一个月，结合翻耕施腐熟有机肥 $15 \sim 22.5t \cdot hm^{-2}$；播种前 7d 左右干耕干整、耙平耙烂，按畦长 $10 \sim 12m$，畦宽 $1.4 \sim 1.5m$，沟宽 $0.33m$ 开沟作畦；再灌水浸泡，泡软后整平畦面，耥平秧板，挖深秧沟，达到"上糊下松、沟深面平、肥足草净、软硬适中"的要求；耥平前结合施面肥，一般用量为尿素 $150kg \cdot hm^{-2}$、钙镁磷肥 $750kg \cdot hm^{-2}$、氯化钾 $150kg \cdot hm^{-2}$ 或 3 个 15% 的复合肥 $450 \sim 525kg \cdot hm^{-2}$，均匀施于畦面上，施后将泥肥混匀，然后耥平，待泥沉实即可播种。

2. 播种

（1）播种期。早稻和北方一季的播种期确定主要以播种期的日平均温度为指标，一般地膜保温湿润育秧当日平均温度稳定通过 10℃、裸地湿润育秧当日平均温度稳定通过 12℃ 时，即可抢晴播种；二季晚稻播种期的确定主要根据安全齐穗期来确定，同时还要兼顾品种的秧龄弹性，以免早穗或抽穗期遇"寒露风"，影响结实。如假设某地二季晚稻的安全齐穗期为 9 月 20 日，某一品种的生育期为 126d，播种到齐穗期的天数为 92d，最大秧龄为 40d，早稻收获期为 7 月 23 日，二季晚稻要到 7 月 25 日才能移栽，则其最迟应于 9 月 20 日前 92d，即 6 月 20 日播种，最早应于 7 月 25 日前 40d，即 6 月 15 日播种，也就是该品种在当地的适宜播种期为 6 月 15—20 日。南方一季稻则主要以避开 8 月上中旬的高温天气抽穗开花来确定播种期。

（2）播种量。湿润育秧的播种量与品种特性、秧龄长短等密切相关。杂交稻更强调要充分利用秧田分蘖，要求稀播，播量可少些。播种量对秧苗素质的影响，随着秧龄的延长而增大，秧龄越长，秧苗个体受抑制程度越大。所以，秧龄越长越要注意稀播。适宜播种量的标准，以掌握移栽前不出现秧苗群体因受光照不足而影响个体生长为原则，即移栽前的叶面积系数不超过最大叶面积系数。一般南方早稻和北方一季稻按秧本田比为 1：（8~10）确定播种量，南方二季晚稻和一季稻按秧本田比为 1：（6~8）确定播种量为宜。即一般秧田播种量杂交早稻 $225 \sim 300kg \cdot hm^{-2}$，常规稻以 $375 \sim 600kg \cdot hm^{-2}$ 为宜；杂交晚稻 $120 \sim 150kg \cdot hm^{-2}$，常规稻播 $200 \sim 300kg \cdot hm^{-2}$ 为宜。

（3）播种。早稻应在"暖头冷尾"抢晴播种，二季晚稻要在阴天或晴天播种，避免在大雨天播种。播种时要先将种子晾干，使种子不会相互粘在一起，并且要分畦定量播种，先播70%左右，剩余的30%左右第二次补播。尽量将种子播匀，播后塌谷，然后早稻盖膜保温，二季晚稻仍裸地育秧。同时，播种后要注意防止鸟害和鼠害。

3. 秧田管理

早稻和北方一季稻秧田期的管理要抓好以下几个环节：一是调控温度，播种到1叶1心期，要密封保温，促进芽谷迅速扎根立苗，温度控制在30℃上下，超过35℃，应揭开膜两头，1叶1心期至2叶1心期，晴天白天应揭开膜两头通风，下午4点后盖膜，膜内温度控制在20~25℃，2叶1心期后，经过5~6d的炼苗，当日平均温度稳定在15℃以上时，应选择天气好的晴天上午9—10时揭膜；二是调控水分，出苗期应保持秧畦湿润，畦沟放干水，以增强土壤通气性，出苗后到揭膜前，原则上不灌水上畦，以促进发根，揭膜时灌浅水上畦，以后保持秧畦上有浅水，若遇寒潮还可灌深水护苗；三是适当追肥，揭膜时施尿素和氯化钾各60~90kg·hm^{-2}秧田作"断奶肥"，以保证秧苗生长对养分的需求，秧龄长的在移栽前还可再施尿素和氯化钾各30~45kg·hm^{-2}秧田作"送嫁肥"；四是适当化控，没有用烯效唑浸种的，可在1叶1心期喷施300mg·kg^{-1}的多效唑药液1 125kg·hm^{-2}控苗促蘖，已用烯效唑浸种的，则一般可不再喷施多效唑；五是抓好防病灭虫工作，重点是防治烂秧的病害，移栽前5d打一次"送嫁药"。

二季晚稻和南方一季稻的秧田管理应抓好以下几个环节：一是水分管理，播种后到1叶1心期保持畦面无水而沟中有水，但若遇大雨天气，为防雨水将种谷打散，也可将畦面灌满水，1叶1心到2叶1心期仍保持沟中有水，畦面不开裂不灌水上畦，开裂则灌"跑马水"上畦，3叶期后灌浅水上畦，以后浅水勤灌促进分蘖，但遇高温天气则也可日灌夜排降温；二是及时追肥，1叶1心期追施断奶肥，4~5叶期施1次接力肥，移栽前3~5d施送嫁肥，每次施肥量不宜过多，以防徒长，一般施尿素和氯化钾各45~60kg·hm^{-2}为宜；三是喷施多效唑，一般没有用烯效唑浸种的都要在1叶1心期喷施300mg·kg^{-1}的多效唑药液1 500kg·hm^{-2}控苗促蘖，已用烯效唑浸种的若秧龄超过40d也可在3叶1心期再喷1次多效唑；四是间苗匀苗，2叶1心期要进行1次间苗匀间，移密补稀，促进秧苗个体生长均匀；五是病虫害防治，二季晚稻的病虫害比早稻严重，要加强病虫害的防治工作，重点是防治稻飞虱、稻蓟马、螟虫、稻瘟病等的为害，移栽前3~5d要打一次"送嫁药"，以减少大田病虫害的发生。

（二）抛栽塑盘育秧

抛栽塑盘育秧因营养土、秧床的不同而形成了旱床旱播旱育、旱床湿播旱育、湿润秧床旱播旱育、湿润秧床湿播旱育4种形式，但目前应用最广、最简单易行的还是最后一种，即采用湿润秧床，用泥浆作营养土（湿播）进行全秧田期旱育。现将其关键技术介绍如下。

1. 播前准备

（1）品种选择。由于塑盘育秧的播种密度大，而秧盘中营养土数量有限，因此，塑盘育秧的秧龄一般不能太长，特别是二季晚稻。一般南方早稻和北方一季稻秧龄25d左右，南方二晚和北方二季稻15~20d，若要延长秧龄，必须采用孔径更大的秧盘，增加秧盘数并稀播，而且要增加化控的力度，否则减产明显。因此，宜选用生育期较湿润育秧短的早、中熟品种，特别是双季稻区要注意品种搭配。

（2）秧盘准备。目前，生产上应用较普遍的是561孔和434孔两种规格的秧盘，应根据抛栽密度来备足秧盘。并考虑到播种不匀、种子发芽率不高等原因而造成一定比例的空孔率，一般空孔率按10%~15%计，如某早稻品种要求抛足33万~36万蔸·hm^{-2}，空孔率按10%计，则需要备足秧盘数为561孔塑盘650~710盘·hm^{-2}大田或434孔塑盘840~920盘·hm^{-2}大田。

（3）种子处理与秧田准备。种子处理技术同湿润育秧，但要特别强调的是尽可能破胸就播种，若因天气原因不能马上播种，也要注意摊开炼芽，确保播种时不会根芽太长而受伤或种子黏结而撒不开。秧田准备按湿润育秧的要求进行，但秧田面积比湿润育秧少，一般按秧本田比为1：（40~50）比例留足秧田就够了。

2. 播种

（1）播种量与播种期。抛秧栽培的大田用种量与湿润育秧基本相同，但秧田面积小，一般按秧本田比1：（40~50）的要求确定播种量，因此，秧田播种密度是湿润育秧的5~6倍。具体到塑盘时，一般南方早稻北方一季稻杂交稻每孔播2粒谷，常规4~5粒，南方一季稻和二季晚稻杂交晚稻1~2粒，常规晚稻2~3粒。秧龄长或基本苗要求较多的品种应增加秧盘数。播种期确定同湿润育秧。

（2）播种。按湿润通气秧床做好秧畦后，将秧畦耥平，等沉实1d后，可在秧畦上摆盘，横摆每排2盘，竖摆每排4盘。秧盘之间要靠紧，摆放要整齐，钵体要入泥，不能悬空。然后将肥料或专用育秧产品施入沟中，或者50%与干细土拌匀后撒在秧畦上，50%撒在施入沟中，底肥用量一般为湿润育秧的一半。施后与沟泥充分拌匀成糊状，将糊泥装入秧盘，刮平，然后播种，播种后轻轻压种，要确保谷粒入孔，然后南方早稻和北方一季稻盖膜保温，南方二季晚稻和一季稻盖草防日晒和雨打。

3. 秧田管理

秧田管理要抓好以下几个环节：一是调控温度，温度调控基本上同湿润育秧，南方早稻和北方一季稻 2 心 1 叶期后应选择天气好的晴天揭膜，南方二季晚稻和一季稻应在出苗后选择傍晚揭去覆盖物。二是调控水分，秧田期全程旱育。出苗期应保持床土湿润，若过干影响出苗，应洒水；出苗后原则上不旱不浇水，一般当盘土发白、早晨秧叶尖上没有水珠就应洒水补充水分或灌满沟水来补充水分，不能采用漫灌上畦来补水，以免引起根系上长出孔；揭膜时和揭去覆盖物时要淋足水，防止失水死苗。三是适当追肥，对秧苗肥力差或基肥不足的田块，在 2 心 1 叶期和起秧抛栽前 4~5d 应看苗酌情分别追施一次断奶肥和送嫁肥，一般用尿素和氯化钾各 10~15g·m^{-2} 秧床，对水 1.5kg 喷洒，然后喷清水洗苗。四是适当化控，没有用烯效唑浸种的，可在 1 叶 1 心期喷施 300mg·kg^{-1} 的多效唑药液 1 500kg·hm^{-2} 控苗促蘖，已用烯效唑浸种的，则一般可不再喷施多效唑；南方二季晚稻和一季稻要求一定要用烯效唑浸种，若秧龄超过 20d，则应在 1 叶 1 心至 2 叶 1 心期喷施多效唑。五是抓好防病灭虫，早稻特别要注意防控立枯病，一般在 1 叶 1 心期用敌克松 15~22.5kg·hm^{-2} 秧田，对水 15~22.5t 喷洒，晚稻在整个育秧期间要特别注意防病灭虫工作。抛秧前 3~5d，打一次送嫁药。

4. 防止秧苗串根

水稻抛栽是抓起秧苗后向上抛撒，利用秧根带土重量使秧根入泥的一种移栽方式，因此，秧苗能否以孔为单位分开是抛秧均匀与否的关键问题。如果孔间秧苗相互串根，则秧苗就分不开，抛后就会成丛或成块落在一起，影响均匀度。因此，育秧期间要防治水稻秧苗串根。主要措施有：一是播种前要将秧盘上多余的泥浆刮干净，使泥浆不溢出盘孔，同时要将杂草、残渣剔除干净，以免根系沿这些泥土残渣生长而长出孔外；二是播种后一定要塌谷，保证将种子扫入孔中，不能让种子在两孔之间；三是要适当稀播，特别是秧龄长时，以免孔内过多根系生长将种子拱出孔外，导致孔间根系相互串联；四是保持旱育，使根系向下生长，不能漫灌使根系向上生长长出孔外；五是要进行化控，防止秧苗徒长，促进根系向下生长；六是尽可能早抛，因为随着秧龄延长，根量增多，容易拱出孔外导致串根；七是尽量使用大孔径秧盘，特别是播种量大或秧龄长的情况下。

（三）机插塑盘育秧

近年来，随着劳动力成本的大幅度上升和规模化生产发展，机插和抛秧一样，作为一种省工、省力的高效栽培技术成为水稻栽培发展方向之一，特别是在东北等规模化程度高的地区，发展很快[3]。

1. 育秧方式

各地根据条件不同形成了多种育秧方式。按育秧秧盘可分为毯状秧盘、钵形毯状秧盘、双膜育秧（无秧盘）和钵苗播栽秧盘 4 种类型。因育秧秧盘不同机插秧也有毯苗机插、钵苗机插和钵苗摆栽 3 种类型；毯状秧盘和钵形毯状秧盘因塑料材料不同有硬盘和软盘。按育秧泥土可分为营养土育秧、基质和泥浆育秧 3 种，也有营养土与基质混合，及泥浆与基质混合育秧。营养土育秧由于土壤结构松散，育秧时有利于秧苗根系的生长。营养土育秧主要与播种流水线结合使用。目前南方主要方式是泥浆育秧，泥浆育秧操作简便，就地取材。按育秧苗床可分为泥浆（湿润）苗床、旱地苗床和多层悬空无苗床育秧。旱地苗床大多为营养土育秧，泥浆苗床可以营养土、基质育秧和泥浆育秧，多层悬空无苗床主要是大棚集中育秧采用。

2. 播前准备

（1）种子准备。考虑到双季稻机插育秧的秧龄较短和机插生育期会有所缩短等因素，在品种选择上特别要注意生育期不能太长，特别是双季稻品种要搭配好，不能选生育期太长的品种。应根据当地的气候条件，保障秧龄要求和晚稻安全齐穗的要求搭配好品种。同时，机插育秧播种密度大，秧苗素质相对较差，插后返青慢，因而用种量相对较湿润育秧多，一般用种量杂交早稻为 $36\sim42kg \cdot hm^{-2}$，杂交晚稻为 $30\sim36kg \cdot hm^{-2}$，一季杂交稻 $15\sim22.5kg \cdot hm^{-2}$，常规稻为 $75\sim90kg \cdot hm^{-2}$。种子处理按常规种子处理要求进行即可，但机插育秧一般要求催芽不能过长，种子 90%破胸露白即可。

（2）秧盘准备。双季稻机插育秧目前主要用秧苗盘育秧，双膜育秧较少。采用平底毯状秧盘育（58cm×28cm）育秧，一般杂交稻需要准备 270～330 片 $\cdot hm^{-2}$大田，常规稻需要准备 375～420 片 $\cdot hm^{-2}$大田；而采用钵苗机插的，一般应根据双季稻的栽插密度和每个秧盘的钵体数，并适当考虑漏蔸率而定。旧秧盘使用前要进行消毒处理。

（3）床土准备。育秧床土的选取和配制是育秧成败的前提。理想的床土，要求质地疏松、透水通气、保水力强、肥力适中、中性偏酸，当 pH 值在 6.0 以上时，则要求调酸。目前机插育秧用的床土主要是泥浆、营养土和基质。如用稻田泥浆作床土，则可在适宜作秧田的稻田里，用手扶拖拉机带水旋耕 2~3 遍，然后作秧板。播种前 1~2d，在秧沟里撒施氮、磷、钾比例为 15∶15∶15 的复合肥，用量为 300~375kg·hm^{-2}秧田，并与秧沟里的泥浆反复搅拌，在搅拌的同时去除泥浆里小石子、田螺和稻桩等杂物。也可利用无污染的池塘泥、河泥作床土，泥浆黏稠要适度，过稠时加水搅拌，取泥时要去除泥中杂物，现取现用。如用旱地土作床土，则按营养细土 1 500kg·hm^{-2}大田的标准准备，多采自菜园土，或秋耕冬翻的稻田土，或其他适宜的山上黄泥土。将土壤粉碎过筛，细土粒径不得大于 5mm，其中 2~4mm 粒径的应达 60%以上。同时，还要根据土壤的类型及肥沃程度合理培肥，一般肥沃疏松的菜园土过筛后可直接作床土；稻田土于早春在田块取土，粉碎晒干过筛后每 100kg 土加氮、磷、钾比例为 15∶15∶15 的复合肥 125~250g 及 150g 的壮秧剂，均匀搅拌，起培肥、调酸、杀菌、壮秧作用；黄泥土要求质地疏松，不用深层隔泥，按黄泥和沙 2.5∶1 的比例均匀搅拌混合后每 100kg 土分别加入 150g 左右复合肥和壮秧剂。禁用未腐熟的厩肥、尿素、碳铵等直接作底肥，以防肥害烧苗。营养土加工后通过集中堆闷、农膜覆盖等措施，使肥土充分熟化，堆闷时间确保 1 个月以上。基质作床土可直接在市场上购买并按要求直接作床土，或与营养土或泥浆按一定比例混匀后作床土。

（4）秧田准备。采用大田育秧的秧本田比例为 1∶（80~100）。秧田一般集中安排，以利管理。湿润苗床按湿润育秧的要求整地作畦，旱地苗床按旱床育秧的要求整地作畦。大棚集中育秧则需要在播种前 30d 以前建好大棚，如在大棚土壤上育秧，则按湿润育秧或旱床育秧的要求做好秧田，大棚多层育秧则做好秧盘架。

3. 播种

播种期的确定一般同湿润育秧，但机插育秧的播种密度大，秧龄要求严格。因此，除要考虑温度因素外，还需要特别关注秧龄，尤其是双季晚稻，一般秧龄只有 18~21d，较湿润育秧少 10~20d，要根据早稻收获期合理安排播种期，同时考虑栽插进度，有时需要分期分批播种，严防秧龄超期移栽。播种量一般按干种计算：常规稻每盘 100~120g，杂交稻每盘 60~80g，播种量还要根据品种的发芽率和千粒重等因素调节。

营养土育秧一般每盘装入 3.5kg 营养土，装入秧盘后用木片刮平，厚度以 2cm 为宜，切忌装得过多，装土后，用洒水壶将盘内营养土淋湿，使营养土水分达饱和状态。如果是大面积湿润秧床育秧的则在播种前 1d 灌平沟水，使铺撒在秧床上的细土充分吸湿后迅速排放，使土壤的含水率达 65%～75%。泥浆育秧一般是先摆盘后播种。先在秧板上依次整齐平铺两排秧盘，盘与盘之间无空隙，盘底与床面紧密贴合，然后将秧沟内经沉淀后的表层泥浆舀入盘内作营养土，厚度以 2.5cm 为宜。一般沙质土壤的泥浆装盘后 2～3h 方可播种，而黏性土质的泥浆装盘后要经 3～5h 才能播种。

播种可采用机械播种或手工撒播的方式。流水线机械播种基本上用于营养土育秧，可一次性完成铺土、洒水、播种、覆土等工序。手工播种时按盘量种，或以若干盘用量为准，制作一个量杯准确取足种子，用手撒播，分次播，力求均匀。

用泥浆育秧可不覆土，直接用抹板将种子轻压与泥面接触即可；营养土育秧要覆土，播种后用抹板将种子轻压与泥面接触，后均匀撒盖种土，覆土厚度为 0.3～0.5cm，以刚盖没种子为宜，不能过厚。盖种土应使用素土（未经培肥和拌有壮秧剂的过筛细土），覆土后不可再洒水，以防表土板结影响出苗。播后早稻覆膜保温，晚稻覆盖遮阳网。

4. 秧田管理

（1）调控温度。南方早稻和北方一季稻育秧需用搭拱棚或覆盖薄膜等进行保温，保证膜内高温高湿，以促齐苗，膜内适宜温度应保持在 25～30℃，在秧苗出土 2cm 左右时即应开始揭膜炼苗，1 叶期后膜内温度超过 25℃应揭开膜的两头进行通风降温；2 叶期通风炼苗防徒长，晴天白天将膜全部打开，傍晚将膜盖好；阴天中午揭开，雨天膜两头揭开通气；3 叶期炼苗控长，应注意保温防寒，除阴雨天外，实行日揭夜盖的方法，当最低气温稳定在 15℃可将膜全部揭开，但不要收膜和拆棚，遇到雨天时，还应重新盖膜。

南方二季晚稻和一季稻育秧期间温度较高，且强光照射，因此在育秧过程中必须注意降温保湿，以确保出苗、齐苗。播种后，通过在床土表面覆盖遮阳网等措施，避开强光照射，防止床土水分蒸发过快，防止因雷阵雨冲刷床土造成种子外露，可防止鼠、雀为害，齐苗后除去上述覆盖物。

（2）施肥。如果基质育秧，泥浆育秧时泥浆中已经拌有足够肥料，秧苗生长期间一般不用再施肥。断奶肥可施可不施尽量不施。移栽前 3～5d 视秧苗长势适施"送嫁肥"，秧苗叶色褪淡，用尿素 60～67.5kg·hm^{-2}对水 7 500kg，于傍晚洒施，施后洒清水洗苗；叶挺拔而不下披，用尿素 15~22.5kg·hm⁻²对水 1 500~2 250kg 进行根外喷施；秧苗叶色浓绿，且叶片下披可免施，只用控水措施来提高秧苗素质。

（3）水分管理。秧苗 3 叶前保持盘土湿润不发白，晴天中午秧苗不卷叶不补水，如出现秧苗卷叶，则要适当补水，秧田集中的可灌平沟水，小面积可早晚洒水；揭膜时灌平沟水，自然落干后再上水，如此反复，气温正常后及时排水透气；移栽前 3~5d 控水炼苗，以干为主，在起秧栽插前，若遇雨天要提前盖膜遮雨，防止盘土含水过高，影响起秧栽插质量。

（4）化学调控。机插秧由于播种密度大，基本采用中小苗机插，因此，需要控制秧苗高度，特别是南方双季晚稻和一季稻育秧时气温高，秧苗生长快，要防止秧苗徒长。一般要采用稀效唑浸种或用含有化控剂的育秧产品或基质育秧，否则要在秧苗 1 叶 1 心期喷施多效唑进行化控，控制秧苗高度和延长秧龄弹性。

（5）病虫害防治。秧田期主要病虫害有青枯病、绵腐病、纹枯病、苗瘟、黑矮病、稻蓟马、稻飞虱等，应密切注意病虫发生，及时对症用药防治。早稻坚持施用壮秧剂等具有防病灭虫功效的制剂或基质育秧，低温来临前或寒潮过后，秧田用 1 000 倍液敌克松或 2 000 倍液咪酰胺泼浇，防烂秧死苗。晚稻播种前用吡虫啉等拌种或相关育秧产品育秧，以防治害虫。机插前坚持喷好"送嫁药"。

（四）旱床育秧

1. 播前准备

（1）秧床选择与培肥。旱床育秧应选用背风向阳、水源方便、通气透水性好、土壤肥沃、熟化度高的旱地或园地作秧田。若采用稻田作秧田要选用地下水位在 60cm 以下，pH 值 5.5 左右的稻田。秧田确定后要在冬前深翻，并配合施腐熟有机肥 22.5~30t·hm⁻²，若是第一次作旱育秧的秧田，土壤较板结的田还可施碎稻草 22.5~30t·hm⁻²，施后多次耕耙使土、肥混匀，冬季可种一季菜，2 月上旬清园，深翻晒白作早稻秧田。晚稻秧床最迟应在春季 3 月上旬培肥土壤，培肥方法同早稻。若土壤 pH 值在 6 以上时，则一般要用硫黄粉、稀硫酸等进行土壤调酸，使 pH 值达 4.5~5.5，若使用含有调酸剂的育秧制剂（如壮秧剂）作为营养剂育秧的，则一般不需要再调酸。

（2）秧床准备。秧田面积一般按秧本田比小苗 1：（40~50），大苗 1：（20~30）的比例来备足秧田。但为了提高秧苗素质，在长秧龄时还适当增加秧田面积，特别是南方二季晚稻育秧时气温高，秧龄较长时应适当稀播，增加秧田面积。在播种前10~15d要趁晴天土壤干燥时耕耙，并开沟作畦，要求畦长12~14m，畦宽1.4m，沟宽0.3~0.4m，围沟深0.4m，腰沟深0.3m，畦沟深0.2m，做到沟沟相通，雨停水干。同时，用60%的丁草胺1 500ml·hm^{-2}加12%的恶草灵1 500ml·hm^{-2}，对水900kg·hm^{-2}喷施，喷施后6~7d不动土，封土除草。

（3）床土准备。在播种前7d以前应当选择晴天，按10kg·m^{-2}秧床的要求，挖取旱地土壤晒干过筛备用，最好是没有种植过作物的山荒红壤土，因为山荒红壤土土壤偏酸，土传病害少，有利于旱育秧苗生长。筛好的红壤土堆好盖膜，防雨淋湿。

（4）品种选择与种子处理。旱床育秧的秧龄相对湿润育秧短，而较塑盘育秧抛栽和机插育秧的长些，因此，品种选择上根据秧龄和茬口安排，选择生育期适宜的品种。旱床育秧的种子处理技术按常规种子处理要求进行即可，但一定要浸透，让种子充分吸收水分，吸水量要求达到自身重的40%，同时，一般浸种后天气好可立即播种，天气不好可催芽至破胸播种，不能催芽过长，以免播种时根芽过长导致机械损伤。

2. 播种

（1）播种量与播种期。旱床育秧的大田用种量可较相同品种的湿润育秧减少10%~15%。秧田播种量一般按秧本田比南方早稻和北方一季稻1：（40~50）、南方二季晚稻和一季稻1：（20~30）的要求确定，但若早稻秧龄超过30d，晚稻秧龄超过25d则需要适当增加秧田面积。旱床育秧因其秧田通气性好、秧床温度较高，因而一般当日平均温度稳定通过7~8℃，采用保温育秧的就可以播种，较湿润育秧提早5~7d；其他播种期应根据秧龄、茬口和安全齐穗期确定播种期，防止出现超过秧龄范围和大田生长期遇不良天气危害的现象。

（2）播种。播种时先将畦面土打碎整平，浇透水（秧床上要求显明水）后用育秧肥或壮秧剂50~75g·m^{-2}秧畦与过筛后的干细土2kg拌匀后均匀撒在畦面上，再浇透水，然后播种。如用化肥作营养剂的，则在整地时用尿素20g·m^{-2}、钙镁磷肥50g·m^{-2}、氯化钾20g·m^{-2}与过筛后的干细土2kg拌匀后均匀撒在畦面上作基肥，撒后与0~15cm土层充分拌匀，再浇透水，然后播种。播后用不含肥料的干细土盖种，以种子不露出为度，盖后再浇透水，然后早稻盖膜保温，晚稻盖草防日晒和雨打。

3. 秧田管理

秧田管理要抓好以下几个环节：一是调控温度，基本上同抛栽塑盘育秧；二是调控水分，出苗期应保持床土湿润，若过干影响出苗，应洒水补充水分，出苗后要注意排水，进行旱育，原则上不旱不浇水，一般当床土发白、晴天早晨秧叶尖上没有水珠就应洒水，揭膜和揭去覆盖物时要淋足水，防止失水死苗；三是对秧田肥力差或秧龄长，后期缺肥的秧田，在后期应适当补施速效氮、钾肥；四是抓好防病工作。南方早稻和北方一季稻要注意防立枯病，发生立枯病可用敌克松或甲霜灵防治，南方二季晚稻和一季稻要注意防稻蓟马和稻飞虱等，移栽前 3~5d 要打一次"送嫁药"；五是南方二季晚稻若秧龄超过 25d，应在 1 叶 1 心期再喷施一次多效唑，以促进秧苗矮化和分蘖，防止秧苗徒长和过高。

第二节　增苗保穗

一、水稻分蘖发生成穗规律

水稻是利用分蘖成穗的作物。一粒水稻种子播种后不是只长出一个穗，而是除种子长出的一个主茎穗外，还可以通过分蘖长出多个穗。充分利用分蘖成穗是确定基本苗时必须考虑的关键因素，因此，必须先了解水稻的分蘖发生成穗规律。

（一）分蘖发生规律

水稻分蘖是由稻茎基部的节（分蘖节）上的腋芽（分蘖芽）在适宜条件下长成的。一般芽鞘节和不完全叶节上的芽不能萌发成分蘖，第一个分蘖是第一叶节上的分蘖芽萌发而成的，理论上除伸长节外，水稻的每片叶节上分蘖芽都有可能长出分蘖。而且水稻分蘖的抽出和主茎上叶的抽出存在着同伸关系，即按照 n-3 的叶蘖同伸规律生长的，也就是说当主茎第 n 叶长出时，对应的 n-3 叶的叶腋内的分蘖长出第一片叶，主茎上长出的分蘖为一次分蘖，一次分蘖仍能按同伸规律长出二次分蘖，二次分蘖上还能长出三次分蘖。因此，理论上当主茎第 4 叶长出时，其基部第 1 叶节上的叶腋内的分蘖长出一片叶，以后每长出一片叶对应叶节上的叶腋里可以长出分蘖，依次类推。根据此同伸规律，可以推算出水稻不同叶片长出时的理论分蘖数（表 7-5）。由此可见，水稻理论上能够利用的分蘖很多，如当主茎第 11 叶抽出时，理论上能产生 8 个一次分蘖、15 个二次分蘖、4 个三次分蘖，共计 27 个分蘖。但水稻的分蘖能有多少比例长出还与品种和环境条件有关。

表 7-5 水稻不同叶龄对应理论上能产生的分蘖数

主茎叶龄	1	2	3	4	5	6	7	8	9	10	11	12
一次分蘖数（A）				1	2	3	4	5	6	7	8	9
二次分蘖数							1	3	6	10	15	21
三次分蘖数										1	4	10
总分蘖数（B）				1	2	3	5	8	12	18	27	40
C=B/A				1	1	1	1.25	1.6	2.0	2.57	3.38	4.44

注：A 为一次理论分蘖数，也可看作大田有效分蘖节位数；B 为分蘖理论数，也可看作大田分蘖数，因此，C 为每个有效分蘖节位大田能长出的理论分蘖数

（二）成穗规律

并不是所有的水稻分蘖都能长成穗，前期发生低节位分蘖，由于分蘖早，积累物质多，有独立的根系，具有竞争优势，能够长成有效穗，称为有效分蘖，而分蘖后期发生的分蘖，由于分蘖迟，个体小，积累干物质少，没有建成独立根系，在水稻拔节后因在空间和营养竞争中处于劣势而逐渐停止生长并夭亡，不能长成穗，称为无效分蘖。水稻分蘖从抽出到 3 叶期前，没有自主的根系，叶面积小，生长所需要的营养主要靠母茎供应，分蘖自 3 叶期开始发根，约到 4 叶期分蘖开始具有独立的营养生活能力。因此，主茎开始拔节时，不到 3 叶的分蘖，一般常因营养亏缺，生长停滞而死，成为无效分蘖。4 叶（3 叶 1 心）以上的大分蘖已能独立营养，一般可继续生长至抽穗结实，成为有效分蘖。而 3 叶（2 叶 1 心）的分蘖，因营养状况、群体大小、品种特性等不同，有可能成为有效分蘖，也有可能成为无效分蘖，是动摇分蘖[4]，据此，可以推算出水稻的有效分蘖临界叶龄期为主茎叶片数（N）减去伸长节间数（n），即有效分蘖临界叶龄期为 N-n。但若要利用动摇分蘖成穗则可延长一个叶龄，即为 N-n+1。

（三）分蘖成穗与施肥、密度的关系

水稻的分蘖成穗与品种特性、气候条件、土壤条件、水分管理、养分供应、种植密度等都密切相关，但目前生产调控分蘖成穗的措施主要还是通过施

肥和密度来调节。

水稻分蘖的发生、生长及成穗离不开营养供应，当植株中养分含量低于一定阈值时，水稻的分蘖就不能发生、生长甚至死亡，最终难以长成穗。因此，施肥量特别是基蘖肥的施用量对水稻分蘖成穗有很大影响。正常情况下，随着基蘖肥用量的增加，水稻的分蘖增加，有效穗增多（表7-6），但当施肥超过一定用量时，水稻的分蘖不但不会继续增加反而会有所减少，特别是成穗率会降低，因而有效穗也可能会下降。因此，调控基蘖肥的用量是调控水稻分蘖和有效穗的重要途径。

种植密度也是影响水稻分蘖和有效穗的重要因子。一般来说，增加基本苗虽然个体的分蘖数会有所下降，但群体的分蘖数增加，成穗率会有所下降，但最终有效穗会增加。但当苗数过多时，则会影响大穗形成，导致每穗粒数和结实率下降，进而产量下降（表7-6）。因此，高产栽培十分强调栽插合理的基本苗数。

表 7-6　施氮量与栽插密度互作对双季早稻分蘖成穗及产量构成的影响

处理	最高苗数（10^4 株·hm^{-2}）	成穗率（%）	分蘖穗率（%）	有效穗数（10^4 个·hm^{-2}）	每穗粒数（粒）	结实率（%）	千粒重（g）	产量 $t·hm^{-2}$
$N_0 D_{36}$	214.20	84.14	4.55	175.95	84.42	88.14	28.86	4.09
$N_0 D_{30}$	228.75	71.97	12.88	160.65	90.69	88.50	29.23	4.01
$N_0 D_{24}$	201.00	69.71	16.08	139.74	96.93	87.57	29.29	3.65
$N_{105} D_{36}$	493.20	63.16	44.44	309.96	100.70	86.68	31.00	8.23
$N_{105} D_{30}$	462.00	63.25	48.68	285.53	108.03	85.60	30.40	8.30
$N_{105} D_{24}$	338.40	78.90	58.04	263.18	112.69	87.75	30.65	8.16
$N_{150} D_{36}$	485.10	69.58	48.68	344.64	103.26	84.27	30.41	8.73
$N_{150} D_{30}$	445.50	72.76	53.26	317.63	107.81	85.27	29.75	8.78
$N_{150} D_{24}$	398.40	75.55	60.00	300.98	117.46	84.45	29.30	8.62
$N_{195} D_{36}$	548.10	67.49	51.95	361.80	99.79	81.62	29.58	8.60
$N_{195} D_{30}$	478.50	70.79	56.52	342.23	109.24	82.26	29.58	9.03
$N_{195} D_{24}$	429.60	76.76	62.25	324.68	116.70	83.29	29.71	9.01

注：$N_{195}D_{24}$ 表示施氮量为 195kg·hm^{-2}、种植密度为 24×10^4 穴·hm^{-2}，其他依次类推

　　水稻的分蘖成穗与基蘖肥施用量及种植密度都密切相关，而且两者有较大的互作性，生产上常用这两项措施来调控水稻的有效穗数，"肥田靠发，瘦田靠插"就是我国农民总结出来的利用密肥互作关系的经验。据研究[5]，双季早稻在不施肥时，不同密度间的最高茎蘖数差异不显著，成穗率随密度的增加而提高，而分蘖穗率下降。在施肥时，最高茎蘖数随栽插密度的增加而显著增加，而成穗率和分蘖穗率随之下降；随着施肥量增加，最高茎蘖数、成穗率、分蘖穗率、有效穗数、产量均呈增加趋势，但施肥量超过一定量后再增加施肥量则每穗粒数、结实率会出现下降趋势。在高肥条件下，适当降低密度有利于高产，而在高密度条件下，适当减少施肥量也能保持高产。

二、精确定苗技术

（一）确定基本苗要考虑的主要因素

　　水稻栽插苗数与品种特性、秧苗素质、土壤、水分、气候、养分等都有密切的联系，合理密植是水稻高产栽培的重要环节。水稻是利用分蘖成穗的作物，因此，精确定苗要依据水稻高产需要的适宜穗数和单粒谷苗能产生的有效穗数来确定，理论上说，高产所需要的适宜穗数除以单粒谷苗长出的有效穗数就是需要栽插的基本苗数。因此，水稻的精确定苗需要考虑以下几个主要因素。

　　1. 高产需要的适宜穗数

　　水稻高产需要的适宜穗数是确定合理基本苗的主要依据之一，不同品种高产所需要适宜穗数有很大差异，一般可由从 $225×10^4$ 个·hm^{-2}到 $525×10^4$ 个·hm^{-2}范围内变化，一般来说，穗数型品种较大穗型品种多，生育期短的品种较生育期长的品种多，株型紧凑的品种较株型松散的品种多。但同一品种高产所需要的穗数也会随着环境不同而有一定差异，如高产田块较低产田块少、低光照地区较高光照地区少、高肥条件较低肥条件少，但同一品种的差异不会太大，不同地区差异仅在 $10\%\sim20\%$，特别是在同一地区基本为一常数。因此，高产所需要的适宜穗数主要取决于品种特性。

　　2. 秧苗素质

　　水稻的秧苗素质也是确定合理基本苗的重要依据之一，因为水稻秧田分蘖中 2 叶 1 心以上的大分蘖移栽到大田后能和主茎一样成穗，并按分蘖同伸关系分蘖成穗，而 2 叶 1 心以下的小分蘖如能成活也能成穗，甚至还可继续分蘖成穗；同时，水稻移栽时秧苗叶龄也会影响到大田的有效分蘖节位多少和有效分蘖期长短。此外，水稻秧苗素质也会影响到大田返青的早晚和分蘖的发生率，秧苗素质好，则移栽后返青快，分蘖早，分蘖速率快。因此，移栽时秧苗素质的高低是确定合理基本苗的重要依据。特别是叶龄和单株带有的大小分蘖数是确定合理基本苗的重要参数。

3. 有效分蘖节位

水稻的有效分蘖节位是确定水稻移栽后最多能长出多少有效穗的主要因素，根据水稻的分蘖同伸关系，理论上如果移栽到大田后还有 1~3 个有效分蘖节位，则主茎上还可以长出 1~3 个有效分蘖，如有 4 个有效分蘖节位，则可长出 5 个有效分蘖，5 个有效分蘖节位，则可长出 8 个有效分蘖，依次类推（表 7-5）。水稻的大田有效分蘖节位数为水稻的有效分蘖临界叶龄（$N-n$ 或 $N-n+1$）减去移栽时秧苗叶龄（SN），但考虑到移栽质量等导致水稻返青期不同等因素，有时还要减去 0~2 个叶龄的返青期。

4. 分蘖发生率

水稻移栽到大田后，并不是所有分蘖节位上的分蘖芽都能长出分蘖，有些分蘖芽由于环境因素影响分蘖不萌动或夭亡，没有长出分蘖。因此，实际能长出的有效分蘖数除与有效分蘖节位有关外，还与分蘖发生率有关。水稻分蘖能否长出，与品种特性、光温条件、肥水条件等因素有关，一般分蘖力强的品种水稻分蘖发生率高、光温条件适宜则分蘖易长出，养分供应充足，水气协调则分蘖易长出，分蘖发生率就高。

5. 移栽质量

移栽质量也是确定基本苗时必须考虑的因素，因为移栽质量的好坏直接影响到水稻返青期的长短和水稻因植伤导致的分蘖缺位的多少。如移栽时的植伤小，栽插深度浅，则栽后返青快、分蘖早，分蘖缺位少甚至没有分蘖缺位；如果移栽深度深、移栽时植伤大，则移栽后返青慢、分蘖迟，分蘖缺位严重。一般大苗移栽较小苗移栽的植伤大，分蘖缺位重。同时，分蘖缺位还与移栽时气候条件有关，如南方二季晚稻移栽期气温高，晴天上午移栽的植伤较傍晚移栽或阴天移栽的植伤大，分蘖缺位更重。

（二）精确定苗基本公式

合理基本苗数（X）应是单位面积适宜穗数（Y）除以每个单株的成穗数（ES），计算公式为：

$$X = Y/ES$$

式中，Y 为某一品种在一个地区高产适宜的单位面积穗数，同一品种在同一地区高产的适宜穗数一般比较稳定；ES 为单株成穗数决定于移栽后至有效分蘖临界叶龄期（$N-n$）有几个有效分蘖叶龄及能产生的有效分蘖理论值，以及分蘖发生率。据此，凌启鸿等提出了小苗移栽和中大苗移栽两类基本苗计算公式[6]。

1. 小苗基本苗公式

小苗公式主要适用于没有分蘖或只带 1~2 个小分蘖（移栽后基本死亡）的小苗（3 叶 1 心至 4 叶 1 心），其单株成穗数主要包括主茎主穗数和分蘖成穗数，分蘖成穗数主要取决于有效分蘖叶龄数和分蘖发生率。因此，其基本苗公式为：

$$X = Y / [1 + (N-n-SN-bn-a) \times C \times r]$$

式中，1 为主茎成穗数；$N-n-SN-bn-a$ 为移栽到大田后的有效分蘖叶龄数，其中 $N-n$ 为有效分蘖临界叶龄，SN 为移栽叶龄，bn 为返青期叶龄数，即移栽至开始分蘖的叶龄数，一般为 0~2，即小苗带土移栽或抛栽一般为 0，而机插秧一般为 2，a 为调节系数，一般 5 个伸长节间以上的品种取 0.5~1，大苗移栽一般取 0~0.5，4 个伸长节间的短生育期品种一般要利用动摇分蘖成穗，一般取-0.5~0；C 为每个有效分蘖位产生的理论分蘖数（表 7-5）；r 为分蘖发生率，与品种、秧苗素质、环境条件与很大关系，一般清洁生产条件的分蘖发生率较常规栽培模式低。

例如，某早稻品种高产的适宜穗数（Y）为 360×10^4 个·hm^{-2}，品种的主茎叶片数（N）为 12 片，伸长节间数（n）为 4，移栽叶龄（SN）为 4，采用带土抛栽，返青期叶龄数（bn）为 0，要求在有效分蘖临界叶龄达到最后穗数（$a=0$），则大田有效分蘖叶龄数（$N-n-SN-bn-a$）为 4，则 C 为 1.25，假设该品种的分蘖发生率为 0.8，则其适宜的主茎苗为：

$$X(10^4 \text{株·hm}^{-2}) = 360 / [1 + (12 - 4 - 4 - 0 - 0) \times$$
$$1.25 \times 0.8] = 72 \times 10^4 \text{株·hm}^{-2}$$

2. 中大苗基本苗公式

对于中、大苗来说，水稻移栽数后一般有 1 个叶龄的分蘖缺位，即 bn 为 1，因此，移栽后的有效分蘖叶龄数为（$N-n-SN-1-a$）。因中苗和大苗移栽时秧苗带有分蘖，分 2 叶 1 心以上的大分蘖（t_1）和 2 叶以下小分蘖（t_2），大分蘖移栽后可以成穗，并且可以按分蘖同伸规律分蘖成穗，可以作为主茎看待，其分蘖发生率以 r_1 表示，则主茎和大分蘖大田的单株分蘖成穗数为：

$$(N - n - SN - 1 - a) \times C \times r_1 + t_1 \times (N - n - SN - 1 - a) \times$$

$$C \times r_1 = (1 + t_1) \times (N - n - SN - 1 - a) \times C \times r_1$$

而 2 叶以下的小分蘖一般成活后能成穗，但其一般不能再生产二次分蘖成穗，因此，若其成活率为 r_2，则其单株成穗数为其单位成穗数为 $t_2 \times r_2$，另移栽后主茎和大分蘖都能成穗，其单株成穗数为 $(1+t_1)$，因此，最终总单株成穗数为主茎和分蘖成穗数加上主茎和大分蘖单株成穗数加上小分蘖成穗数，合计为：

$$(1 + t_1) + \left[(1 + t_1) \times (N - n - SN - 1 - a) \times C \times r_1 \right] + t_2 \times r_2 =$$
$$\{ (1 + t_1) \times \left[1 + (N - n - SN - 1 - a) \times C \times r_1 \right] + t_2 \times r_2 \}$$

因此，中大苗的基本苗公式为：

$$X = Y / \{ (1 + t_1) \times \left[1 + (N - n - SN - 1 - a) \times C \times r_1 \right] + t_2 \times r_2 \}$$

例如，某二季晚稻组合的高产适穗数（Y）为 330×10^4 个 · hm^{-2}，品种的主茎叶片数（N）为 15 片，伸长节间数（n）为 5，移栽叶龄（SN）为 7.5，要求在有效分蘖临界叶龄达到最后穗数（a=0），移栽时单株带大分蘖数（t_1）为 2.5 个，带小分蘖数（t_2）为 1.5 个，大田有效分蘖叶龄数（$N-n-SN-1-a$）为 1.5，则 C 为 1，主茎和大分蘖的分蘖发生率（r_1）为 0.9，小分蘖的成活率（r_2）为 0.4，则其适宜的主茎苗数为：

$$X(10^4 \text{ 株} \cdot \text{hm}^{-2}) = 330 / \{ (1 + 2.5)\left[1 + (15 - 5 - 7.5 - 1 - 0) \times \right.$$
$$\left. 1 \times 0.9 \right] + 1.5 \times 0.4 \} = 31.95 \times 10^4 \text{ 株} \cdot \text{hm}^{-2}$$

也就是说，该品种以栽插 31.95×10^4 株 · hm^{-2} 主茎苗为宜，若包括大分蘖则栽插苗数应为 $31.95 \times 3.5 = 111.83 \times 10^4$ 株 · hm^{-2}，包括小分蘖应插 $31.95 \times 5 = 159.75 \times 10^4$ 株 · hm^{-2}。

三、增苗保穗技术

（一）清洁生产增苗理由

保障足够的有效穗数和适宜的群体大小是水稻高产的基础。水稻清洁生产与常规高产栽培途径有很大差异，不像常规高产栽培那样大量施用化肥农药，以农用化学品的高投入、环境高污染换取高产出，而是要求减少化学肥料与化学农药的用量，特别是减少前期化肥用量，尽量增加有机肥的施用比例，以实现减少污染物排放的目的。在清洁生产栽培模式下，因为化肥用量下降，而有机肥肥效慢，因此，可能会导致水稻分蘖期因养分供应不足而使分蘖发生率降低，分蘖减少进而导致有效穗数不足，水稻的群体过小，群体生产量不够，进而影响水稻产量。由表 7-7 可以看出，减少基蘖肥施氮量，会导致水稻的最高苗数减少，虽然成穗率有所增加，但最终有效穗减少，叶面积系数降低，群体干物质生产量下降，虽然经济系数较高，但最终产量下降。但在减肥条件下，增加苗数，可弥补减肥导致的水稻苗数下降、有效穗减少，群体生长量小，产量下降的不足，使最终产量不下降或略有增产[7]。

表 7-7　增苗对减氮的补偿效应

处理	最高苗数（10⁴ 株·hm⁻²）	有效穗数（10⁴ 个·hm⁻²）	成穗率（%）	抽穗期 LAI	干物质生产量（t·hm⁻²）	经济系数	产量（t·hm⁻²）
D3N270	459.90	353.30	76.80	6.75	19.30	0.43	9.18
D3N189	395.20	320.80	81.10	6.07	17.26	0.47	9.11
D3N109	331.70	303.30	91.40	4.90	16.02	0.49	8.61
平均	395.60	325.80	83.13	5.91	17.53	0.46	8.96
D5N270	504.90	348.80	70.30	6.72	19.53	0.44	9.33
D5N189	395.30	329.50	83.50	6.35	18.88	0.45	9.67
D5N109	366.20	321.60	87.90	5.73	17.03	0.46	9.25
平均	422.13	333.30	80.57	6.27	18.48	0.45	9.42
D7N270	533.20	361.80	70.60	7.39	19.86	0.44	9.09
D7N189	439.90	363.40	82.70	6.73	18.17	0.47	9.89
D7N109	363.40	316.20	87.10	5.86	17.05	0.51	8.94
平均	445.50	347.20	80.13	6.66	18.36	0.47	9.31

注：D3N270 表示穴插 3 苗，施氮量为 270kg·hm⁻²，其他依次类推。减少施肥量只减基肥和分蘖肥，不减穗肥

（二）增苗技术

1. 增苗量

增苗量是增苗技术的核心，确定增苗量要依据水稻品种的有效分蘖发生成穗对减肥的响应以及减肥的多少来确定。不同品种、不同地力水平的分蘖成穗对减肥的响应程度有较大差异，有些品种的分蘖成穗对肥料敏感，减肥后水稻的分蘖发生率下降明显，而有些品种的分蘖对缺肥不太敏感，减肥对分蘖发生影响不大；地力水平高的高产田块由于土壤供肥能力强，减肥对水稻分蘖影响不大，而土壤供肥能力差的低产田，则减肥后对分蘖影响较大。土壤地力水平或施肥水平是确定减肥量的重要依据，土壤地力水平或施肥水平高的地区，适

当减肥不会对分蘖导致很大影响，也不会导致产量大幅度下降，而施肥水平低的地区，本身施肥量就不足或土壤供肥能力不足，还没有达到水稻高产形成对养分的需求量，减肥量则对分蘖成穗和产量形成的影响较大，减肥过多会导致水稻产量明显下降。因此，水稻增苗量的多少需要依据减肥量、土壤肥力水平、品种对减肥的响应等不同而综合考虑，最好经过试验并在长期监测的情况下实施。一般建议是水稻的施肥量达到或超过品种高产所需要的施肥量时，可减肥 20%~30%，施肥量达到品种高产所需要的施肥量的 80%~100% 时，可减肥 10%~20%，施肥量未达到品种高产所需要的施肥量的 80% 时，则原则上不能减肥。在确定减肥量后，可根据水稻品种的分蘖发生率对减肥的响应不同，再研究增苗量，以确保水稻分蘖成穗能达到高产所需要的有效穗数。可以根据减肥后对分蘖发生率的影响程度通过基本苗公式进行计算。在生产上可参考以下标准：减肥 20%~30% 则增苗 30%~50%，减肥 10%~20% 则增苗 20%~30%。

2. 增苗方式

水稻的增苗方式有增加单位面积的穴数和增加每穴苗数两种，在具体应用上综合考虑实际情况灵活应用。如果采用抛秧栽培，则以增加单位面积的穴数为好，因为增加每穴苗数就只有增加播种密度，影响秧苗素质；如果采用机插栽培，则采用增加单位面积的穴数和每穴苗数都行，但以增加穴数为好，然而有些机型的最大栽插密度较小，在双季稻区往往即使调到最大栽插密度单位面积穴数仍不够，在这种情况下只有增加每穴苗数；如采用人工移栽，为节省插秧成本，则以增加每穴苗数较易实施。但如果每穴苗数过多，易产生夹心苗，影响水稻分蘖，这时则要适当减少每穴苗数；采用直播栽培则主要是增加单位面积的播种量来实现增苗。

第三节　健身栽培

水稻健身栽培是指通过合理的栽培技术措施，使水稻生长健壮，增强其对病虫害的抵抗能力，同时，改善水稻生长的生态环境条件，使其有利于天敌的生存繁衍，而不利于病虫的发生。以达到少施农药也能将病虫害损失控制在经济允许水平以下。水稻健身栽培除选用抗病性强品种并定期轮换、培育壮秧外，主要还可通过肥水和土壤管理及抗性诱导等措施。

一、施肥技术

化肥的不合理施用，是导致水稻抗病虫害能力下降和病虫害发生的重要因素。改进水稻的施肥技术，不仅是减少化肥污染的重要途径，而且是提高水稻抗病虫害能力的重要措施。

（一）增施有机肥

增施有机肥不仅可以改善土壤，提高土壤肥力和土壤的持续丰产能力，而且可以提高化肥利用率，增强水稻植株对病虫害的抗性，减轻水稻病虫害的发生。据试验[8]，不打农药的情况下，施肥处理较不施肥的对照处理病虫害发生率提高，但施用有机肥的处理病虫害发生率增加不大，而施用化肥的处理不仅较对照明显增加，而且明显较施用绿肥和饼肥的处理病虫害发生率增加（表7-8）。表明施肥，特别是施用化肥是导致水稻抗病虫害能力下降的重要因素。但通过增施有机肥替代化肥可以部分克服施用化肥带来的水稻抗病虫害能力下降。清洁生产条件下，除有机栽培不能施用化肥外，绿色栽培和无公害栽培模式，也要通过种植绿肥、种养结合等途径扩大有机肥来源，因地制宜选用合适的有机肥，适当提高有机肥比重，一般绿色栽培有机氮不低于50%，无公害栽培不低于30%。

表7-8 施用不同肥料对水稻主要病虫害发生的影响

处理	大螟虫枯心率（%）	稻纵卷叶螟卷叶率（%）	稻飞虱数量（只·穴⁻¹）	纹枯病发病率（%）
对照	11.90	1.50	157	1.30
绿肥	23.50	2.10	213	1.60
饼肥	23.10	3.10	354	1.80
化肥	24.30	80.30	692	85.20

（二）控制施氮，平衡施肥

氮肥施用过多，会导致水稻中 C/N 比失调，叶绿素和蛋白质含量提高而纤维素含量下降，叶片嫩绿披软，影响田间通风透光，诱发病虫为害。试验表明[9]，随着施氮量的增加，水稻的病虫害为害不断加剧（表7-9），但增施钾肥则可增加水稻植株中碳的积累，促进叶片挺直，增强水稻的抗病虫害能力。增加硅肥也有同样的效果，而中微量元素的亏缺则也会导致水稻抗性的下降，诱发病虫害发生。例如缺钙、镁、锌、硼等会导致水稻生长不良，抗性降低，病虫害加重。因此，健身栽培应实施测土配方施肥，根据土壤中养分含量，适时适量施肥，既满足水稻正常生长的需要，又不过量施肥导致水稻奢侈吸收，使水稻个体生长健壮，抗性强，群体通风透光好，减少病虫害发生。要求坚持"控氮、增钾、施硅、补微"的施肥原则，控制施氮量，适当增加磷钾肥的比例，特别是钾肥的比例，基肥提倡施用一定数量的硅肥或叶面喷施硅肥，根据土壤缺素状况及时补充中微量元素。

表 7-9 施氮量对水稻主要病虫害发生的影响

品种	施氮量 (kg·hm⁻²)	稻纵卷叶螟 (10⁴头·hm⁻²)	稻飞虱 (头·丛⁻¹)	纹枯病		白叶枯病		细条病	
				病株率(%)	病情指数	病株率(%)	病情指数	病叶率(%)	病情指数
晚籼33-2	105	30	18.50	43.62	23.45	6.15	2.61	52.43	14.99
	15	39	20.90	56.29	32.56	6.79	5.54	67.24	19.13
	195	117	23.10	60.70	38.03	10.82	8.12	70.74	25.02
	240	144	25.20	69.09	44.27	15.72	12.79	81.80	29.78
湘晚籼3号	105	33	107.80	59.82	29.32	0.00		2.36	0.63
	15	45	118.40	65.08	38.84	0.00		16.39	5.64
	195	126	129.00	73.50	47.03	0.00		18.84	7.17
	240	162	136.90	98.10	68.63	0.00		32.49	14.01

二、灌溉技术

水稻是需水较多的作物，水稻的生长需要有充足的水分。水分在调节水稻土壤养分供应、土壤氧气含量和根系生长、田间小气候等方面都有重要作用，因此，合理灌溉不仅是节水的途径，而且是调节水稻生长，提高水稻抗性的重要措施。

（一）控水灌溉

缺水干旱则水稻生长受阻，个体生长不良，产量下降甚至绝收。但水稻也不是水越多越好，虽然水稻不同生育阶段对水的敏感性不同，但总的来说，当土壤中的田间含水量达到最大持水量的80%（田面无渍水，田间显蚯蚓时）以上时，都能满足水稻生长需要。而长期深水淹灌不仅会增加稻田养分流失的风险，而且土壤含氧量降低，根系生长不良，根系活力下降，水稻个体不健壮，生长柔弱，田间湿度大，透光率低，抗病虫害能力下降。据黄志农等[9]

调查，在相同施氮量下湘早籼 7 号和湘早籼 10 号长期深水田比间歇性灌水田稻飞虱百丛虫量分别增加 627 头和 583 头；纹枯病病株率分别为 45.97% 和 51.14%，病情指数分别为 30.47 和 39.82，比间歇性灌水田病株率分别增加 26.53% 和 23.41%，病情指数增加 18.48 和 21.39。水稻健身栽培的合理灌溉首先应当实施控水灌溉，控制每次灌水深度，减少田间有水层时间，采用湿润灌溉的方式，即除水稻返青期和抽穗期保持较深水层（30~40mm）外，其他时期每次灌水深度不超过 20mm，让其自然灌干后露田 2~3d，保持田面湿润，田土不开裂，然后再灌不超过 20mm 深水层，灌浆后期可延长露田时间。通过这种控水灌溉方式达到以水调气、以气养根、以根促苗的目的，以提高水稻抗性，改善田间小气候。

（二）提早晒田

水稻晒田可以提高土壤通气性，减少土壤中有害有毒物质含量，促进根系深扎和禾壮叶挺，提高根系活力，控制无效分蘖发生，减轻田间郁闭程度，降低田间湿度，提高水稻的抗病虫害能力，是水稻健身栽培的一项有效措施。但目前生产上农民往往存在晒田过迟和过重的现象，晒田过迟不能有效控制无效分蘖，而且孕穗期晒田会影响大穗形成，导致每穗粒数下降，而水稻抗病虫害能力的提升效果也不明显，晒田过重则会导致根系拉断，水稻因旱生长受阻，不利于高产。健身栽培的晒田应提早进行，一般要在有效分蘖临界叶龄期前两个叶龄的后半叶抽出时或当苗数达到计划穗数的 80% 左右时开始，而且不要一次晒田过重，而应多次轻晒，即晒至田边开"鸡爪裂"、田中不陷脚时灌"跑马水"或薄水（不超过 10mm）湿润，依次类推，保持裂缝不加宽，田土不回软，晒田晒至倒 2 叶露尖期要灌水保胎，以后又湿润灌溉。据调查，控水灌溉、提早晒田不仅较常规灌溉、苗高峰后晒田、淹灌的病虫害轻，每穗粒数多，产量高，而且较控水灌溉、够苗晒田的病虫害轻，每穗粒数多，产量高（表7-10）。

表 7-10　不同处理的病虫草害发生情况

	处理	稻飞虱（头·丛$^{-1}$）	稻纹枯病病情指数	有效穗数（10^4 个·hm^{-2}）	每穗粒数（粒）	产量（t·hm^{-2}）
早稻	常规灌溉、苗高峰后晒田	10.95	46.27	369.30	92.18	6.63
	控水灌溉、够苗晒田	8.57	43.09	368.25	94.64	6.83
	控水灌溉、提早晒田	4.54	38.56	367.60	98.56	7.29
	淹灌	17.31	52.23	330.05	87.13	5.48

（续表）

处理		稻飞虱（头·丛⁻¹）	稻纹枯病病情指数	有效穗数（10^4个·hm^{-2}）	每穗粒数（粒）	产量（t·hm^{-2}）
晚稻	常规灌溉	15.63	41.81	311.50	115.47	6.55
	控水灌溉、够苗晒田	12.55	36.87	318.80	120.73	7.08
	控水灌溉、提早晒田	6.39	31.54	316.15	123.50	7.21
	淹灌	22.15	46.61	295.05	111.35	5.72

三、土壤管理技术

土壤是水稻根系生长的重要载体，为水稻生长提供养分、水分和氧气。土壤生态环境与肥力状况不仅对水稻的生长至关重要，对水稻的病虫草害发生有重要的影响，因此，加强土壤管理，创造一个不利于水稻病虫草害发生的土壤环境，提高水稻的抗性，是水稻健身栽培的重要措施。

（一）增施有机肥

增施有机肥不仅有利于增加土壤有机质，提高土壤肥力，促进水稻生长，而且可促进防御性代谢物质（如酚类）的合成，利于提高水稻地上部对病虫的抗性[10]。因此，水稻健身栽培要增施有机肥。增施有机肥的途径主要有3条：一是实施秸秆还田，收割时将作物秸秆粉碎，全量深翻直接还田或部分直接还田部分堆沤后还田；二是推广肥—稻和肥—稻—稻种植模式，通过种植绿肥在盛花期翻沤肥田；三是增施外源有机肥，施用饼肥、沼肥、畜禽粪便、商品有机肥等外源有机肥。秸秆还田和种植绿肥直接利用稻田自身长出的植物就地还田，成本低、安全性好，应作为增施有机肥的主要措施大力推广。增施外源有机肥则要考虑到产品的安全性，同时，要因地制宜根据不同地方有机肥源条件选择合适的有机肥施用，作为增施有机肥的重要辅助措施。

（二）水旱轮作

水稻生长期大都处在淹水条件下，长期处于厌氧环境中会使土壤有害有毒物质积累量不断增加，土壤结构恶化，甚至导致土传病害增加，水生和湿生性杂草增加，不利于提高水稻的抗性。因此，应实施水旱轮作技术，在单季稻一熟制地区，提倡种植几年水稻后可种植一季旱作物，在水稻一年两熟区或三熟区可实行年内水旱轮作，即种植一季或两季水稻，种植一季旱作物或两季旱作物，如一稻区可推广稻—麦、稻—油、稻—菜等水旱轮作模式，而双季稻区可推广稻—稻—油、稻—稻—菜、稻—稻—药等两水一旱模式或烟—稻—菜、瓜—稻—油、稻—豆—油等两旱一水模式。通过水旱轮作改善土壤结构和环境，减少杂草生长，促进根系生长，减轻杂草为害，提高水稻抗病虫害能力。

（三）冬翻或冬泡

很多水稻的病原菌、杂草种子和宿根、害虫都是在稻茬上或土壤中越冬，对冬闲稻田也要加强冬季土壤管理，创造一个不利于有害生物生存的环境条件，减少来年有害生物基数，并要改良土壤结构，促进土壤生态环境改善。排水条件较好，冬季能够排干水的田块，应当开沟排水，并在冬前翻耕晒土，这样有利于将杂草种子和宿根、病原菌等冻死，消灭二化螟等在稻桩越冬的害虫的越冬场所，降低有害生物基数，而且有利于改善土壤结构和土壤生态环境。对渍水严重的低洼田，不能排水冬翻，则可以采用灌深水泡田的方法，同样也有较好的灭草、灭菌和灭虫效果。

（四）灌水灭害

灌水灭害是利用淹水后创造一个厌氧环境灭杀杂草和害虫的一项无害化控制有害生物技术，可以有效减少化学农药用量。一般冬闲田不论冬翻与否，可在春季杂草盛花期灌深水直至沤烂杂草为止。冬种冬作物的稻田应在冬作物收获后及时灌深水除草灭茬；而冬种绿肥的稻田应在水稻移栽前 15~20d 翻沤绿肥，直到绿肥腐烂后再整田种植水稻。同时，南方稻区很多虫害在稻田或稻桩上越冬，也可以通过灌深水来灭杀，如江西等地有在清明前后二化螟化蛹后灌深水灭蛹的习惯，通过灌深水灭杀二化螟蛹，减少第一代二化螟的虫源基数，减轻二化螟为害，减少农药用量。

四、抗性诱导技术

植物的免疫系统与人类的免疫系统不同。植物没有血液循环将免疫细胞送至全身各处以对抗感染，但它们的细胞表面有着一些受体存在，当这些受体检测到微生物释放的信号分子时就会启动免疫反应，使植物产生一系列抗微生物的化学物质，以消除感染。水稻抗性诱导技术是通过外界物理的、化学的或者生物因子诱导，使植物体内产生对有害病原菌抗性的一种健身栽培技术。通常我们将能诱导植物产生系统抗性的物质称为诱抗剂。利用诱抗剂调节植物自身的免疫系统来达到防治病害的目的，是植物病理学研究中新的研究领域，也是植物病害防治的新途径，其优势在于多抗性、整体性、持久性和稳定性，不受生理小种的影响，在大多数情况下，诱导抗病性是非特异性的，仅少数具专化性，同时诱导抗病性采用的诱导剂是生物或无毒、微毒的化学药品，对人、畜无害，可以最大程度地降低农药的使用，减轻农药的环境污染，是今后发展农作物无公害栽培和生产安全绿色食品的理想选择。

（一）抗性诱导的机理

1. 诱导结构抗性物质的变化

如茉莉酸处理水稻后，导致水稻细胞壁木质素增加，木质素的沉积增强了寄主细胞的机械强度，限制了营养物从寄主向病原菌的扩散或木质素前体本身可能对病原有毒力作用，进而使水稻直接阻挡病原菌的侵入或延缓侵入过程，激活水稻的防卫机制。此外，诱导剂还可通过乳突体形成、胶质体形成和侵填体的产生等机制诱导水稻抗性产生[11]。

2. 诱导防御酶系活性变化

诱导物处理寄主后过氧化物酶、多酚氧化酶、苯丙氨酸解氨酶、几丁质酶活性都大大增加。过氧化物酶能催化松柏醇的脱氢氧化，氧化产物可进一步聚合成木质素，木质素能防御侵入的病原菌扩展；多酚氧化酶能将植物体内先天性抗菌物质多酚氧化成相应的氧化物，多酚及其氧化物能使菌类生育所必需的物质磷酸化酶和转氨酶受阻抑，并进一步对病原菌向寄主体内蔓延的果胶分解酶和纤维分解酶起强烈的抑制作用；丙氨酸解氨酶催化的苯丙烷途径能够合成黄酮、异黄酮、香豆酸酯类和木质素前体等次生酚类物质，这些物质大多能够强烈抑制病原菌的生长活性；几丁质酶能够分解病菌的细胞壁而抑制病菌。

3. 诱导产生抗菌性物质

诱导产生抗菌性物质主要包括：一是病程相关蛋白（简称 PR 蛋白），当病原菌侵染植物时细胞合成并分泌到细胞间隙的一类低分子量蛋白，是植物产生的自我保护物质，最先在植物遭受侵染的部位周围形成。二是植物保卫素，是植物诱导下合成积累的一类具有抗菌活性的低分子量脂溶性化合物，是参与植物防卫反应的重要生理活性物质之一。三是核糖体失活蛋白（RIP），通过对核糖体大亚基 28SrRNA 的特异性修饰，使其不能与蛋白合成延长因子结合，从而阻止蛋白质的合成，具有防止外来病原体侵染的功能。四是植物凝集素，为含有一个或多个可与单糖或寡聚糖特异可逆结合的非催化结构域的植物蛋白，植物不受侵袭时，凝集素就储存蛋白，只行使其内源功能，当植物或某个组织受昆虫或病原菌袭击时，凝集素从受袭击的细胞中释放至捕食者的消化道，通过糖结合活性引发毒性效应来完成其外源性功能。

4. 诱导抗病中的信号识别与信号转导

在多种植物的细胞膜上都存在对激发子具有高亲和类似受体的结合蛋白，这类蛋白参与激发子的信号识别过程。抗病信号转导过程一般是由激发子或配体与跨膜蛋白受体或胞内受体结合，通过构型变化激活胞内有关酶的活性，进一步修饰胞内基质后产生激活性信号分子，蛋白质磷酸化的作用是使胞内特定的酶系统活化，形成第二信使，使信号放大，最终通过对特殊基因的调节激发防卫反应。诱发抗病反应的信号分子是多样的，信号转导也是多途径的。不同的植物及不同类型的防卫反应有不同的信号传导途径。即使在同一植物中，不同的诱抗剂尽管可能诱导出相似的抗性反应，但也可能激活不同的信号传导途径。

（二）抗性诱导剂的种类

能诱导植物产生系统抗性的物质被称为抗性诱导剂，也称诱抗剂。主要可以分为非生物源诱抗剂和生物源诱抗剂。

1. 非生物源诱抗剂

非生物源诱抗剂主要有：一是物理诱抗剂。包括机械或干冰损伤、电磁处理、紫外线照射、X-射线处理和金属离子、高温、低温、湿度、pH 值、乙烯、重金属盐和高浓度盐等，如水稻经持续低温（≤20℃）锻炼 7d 可抑制稻瘟病的发生。二是化学诱抗剂。已有 100 多种化学物质被用作诱导因子，这些化合物主要可分为有机类诱导物、无机类诱导物、抗生素类、激素类、维生素类和植物提取物 6 大类。如水杨酸、茉莉酸、噻菌灵、SiO_2、2，4-D 及前胡、白芷等提取物等被证明能诱导水稻的抗性。

2. 生物源诱抗剂

生物源诱抗剂主要有：一是细菌。包括死体和活体、病原细菌和非病原细菌及细菌的不同成分如菌体脂多糖（LPS）、胞外多糖（EPS）等，如用从水稻"越富"品种中分离出的阴沟肠杆菌发酵液喷洒孕穗期水稻叶片，能够明显提高水稻对白叶枯病的抗性。二是真菌。包括病原菌和非病原菌及菌根菌、菌丝体、细胞壁片段、培养液等，如用病原菌的弱菌系预先处理植物进行诱导获得了对自身的诱导抗性。三是病毒。包括病毒本身或病毒辅助因子，都可作为诱抗剂诱导抗病性，但在实际应用中偏重于用低毒性和无毒性病毒作诱导因子。

参考文献

[1] 彭春瑞．水稻"三高一保"栽培技术及其高产优质机理研究［D］．南昌：江西农业大学，2012．

[2] 林洪鑫，曾文高，杨震，等．秧田施送嫁肥对双季超级稻分蘖期的节氮效应［J］．杂交水稻，2016，31（2）：61-67．

[3] 陈惠哲，朱德峰，林贤青，等．秧田灌水深度对水稻秧苗生长影响研究［J］．灌溉排水学报，2005，24（6）：53-55．

[4] 凌启鸿，苏祖芳，张洪程，等．水稻品种不同生育类型的叶龄模式［J］．中国农业科学，1983（1）：9-18．

[5] 林洪鑫，潘晓华，石庆华，等．施氮量与栽插密度对超级早稻中早22产量的影响［J］．植物营养与肥料学报，2011，17（1）：22-28．

[6] 凌启鸿，张洪程，丁艳锋，等．水稻精确定量栽培理论与技术［M］．北京：中国农业出版社，2007．

[7] 朱相成．增密减氮对东北产量和氮肥利用效率及温室气体排放的影响［D］．北京：中国农业科学院，2015．

[8] 常越亚，胡雪峰，穆贞，等．施肥方式对水稻抗病虫害能力的影响［J］．土壤通报，2015，46（2）：446-451．

[9] 黄志农，周旺兴，刘烈辉，等．洞庭湖稻区水稻主要病虫害综合防治技术体系的研究Ⅶ．水稻健身栽培控害技术的配套利用［J］．湖南农业科学，1995（5）：39-40．

[10] 蒋林惠，罗琇，肖正高，等．长期施肥对水稻生长和抗虫性的影响：解析土壤生物的贡献［J］．生物多样性，2016，24（8）：907-915．

[11] 林丽，张春宇，李楠，等．植物抗病诱导剂的研究进展［J］．安徽农业科学，2006，34（22）：5 912-5 914．

第八章 水稻清洁收获及后处理技术

第一节 水稻清洁收获技术

一、水稻清洁收割技术

由于清洁水稻生产对环境的要求较高，因此，水稻的种植地点一般远离人口聚居地，受当地农田建设、道路建设和经济水平差异的影响，水稻收割的方式不同，对水稻清洁收割的要求也各异。

（一）机械清洁收获技术

水稻的机械收获能减轻劳动强度、改善劳动条件、及时收获、提高工效、减少损失，是目前80%以上的水稻面积采用的收获方式。机械的清洁收获主要从收割、脱粒、清选、装袋4个过程进行控制，减少收获过程对稻谷的污染。

机械收割对道路状况、稻田土壤水分状况、稻谷熟期、机型选择、收割技术等均有较高的要求。在收割机械的运输过程中要避免大颠簸，以防机油、柴油和机械表面的油漆等在震动中泼洒或掉落，而污染收割过程中的稻谷，同时，在收割之前，要对收割机械内部和外部进行清扫，避免灰层、土壤颗粒及有毒有害杂物留在机械内部。进行机械收割时，水稻要求成熟度要达到90%以上[1]，没有发生倒伏现象，特别是倒伏的稻穗与土壤接触的水稻不宜机械收割，以免将泥土带入机械内部，污染清洁的稻谷。为了使机器能安全地进行工作，提高机器的生产效率，在收割机下田作业之前，应做好田块准备工作。做好适宜机具行走和下田的道路条件，了解作业田块的作业条件，特别是泥脚深浅情况，对照机器的水田通过性能，对可能会陷车的地方不要勉强作业，要保证机器的行走畅通和转移安全，田间作业要准备地头，避免机器掉头转弯时撞落稻谷。

　　机械收割的稻谷含水量要适宜，避免稻谷含水量过多造成脱粒、清选困难，不但使工作质量和工作效率明显下降，还会增加杂质，降低稻谷的清洁度。一般收获时水稻叶面干燥，无露水，且籽粒含水率在15%~25%较合适。收获时，为降低谷外糙米对水稻贮藏的影响，要求根据水稻的水分及脱谷质量随时调整脱谷转速，使谷外糙米的数量控制在5%以下，而在没有烘干或者晾晒条件的地方，还要等水稻水分降至安全水分以下时开始收获[2]，严防收获的水稻入库后发热霉变，污染稻谷。

　　水稻收获后的临时装袋材料要选用专用的清洁袋子，不宜选用化肥、饲料，以及有毒有害物质的外包装袋，以免残留的物质污染稻谷。

　　（二）人工清洁收获技术

　　人工收获一般在田块面积较小、经济较差、人力资源相对丰富或不适宜机械化的地方，通常为人工用镰刀收割，脱粒方式主要有田间脱粒和稻场脱粒2种。人工收割对稻田收获期的水分管理和土壤状况要求不高，但以田面无明显积水和田土不陷脚为好，便于人工操作，避免收割过程中人为带起的泥浆污染稻谷。

　　人工收割、田间脱粒由于工作效率比较低，耗时长，在田块面积大，人力紧缺的情况下，一般在稻谷成熟度达到90%左右时开始收割，割下的稻株应放在不直接接触泥土的地方，并尽快运送到脱粒场所。如当时不能脱粒，可码垛短期存放，码垛时必须将稻穗朝外，以利于稻穗继续干燥。刚割下的稻株不能急于打捆堆垛，应在晾干水分后再堆垛，以防稻谷霉烂。采用稻场脱粒方式的地区，切忌长时间堆垛或在公路上暴晒脱粒，以免造成品质下降和污染。同时，对脱粒的器具要清洗干净，尽量避免有害物质混入。人工收割虽然工作效率低，但由于脱粒干净、破谷粒少、清洁度高的优点，依然是丘陵山区小面积田块和交通不便田块的重要收割方式。

二、稻谷清洁干燥技术

　　稻谷是有活力的有机体，一定的水分含量是其赖以生存的必要条件，其中，稻谷安全贮存的含水率为14%左右。过高的水分会使细菌、霉菌等微生物和米象等仓储害虫在稻谷上迅速繁殖，致使稻谷发热霉变，影响稻谷的清洁。因此，稻谷的干燥是清洁生产的重要环节。

　　（一）自然干燥法

　　自然干燥法是利用太阳光的热量和自然风，将摊铺在通风良好的晒场上的稻谷晾干的方法。稻谷清洁干燥的晾晒场地要远离可能造成固体或液体污染的清洁干净的地方，避免在畜禽养殖场周边、柏油路、车辆通行的水泥路和土路上晾晒，以免稻谷混入粪便、尘土、沙石和异物，造成晾晒过程的污染。有条件的地方，还应用垫毯铺垫在地面上，保持稻谷的清洁晾晒。稻谷清洁晾晒时要注意谷层厚薄均匀，一般在 2~5cm，不能铺得太厚，还要经常上下翻动，使谷粒干燥完全，待稻谷含水量低于13%时，即可进行安全贮藏[3]。这种方法优点是使用成本较低，适用于稻谷生产量不高的种植户，缺点是受天气影响大，遇到阴雨天或秋末冬初阳光热量不足时，将严重影响到稻谷的正常干燥，由于露天晾晒，还应防止鼠、禽进入，以免造成污染。

（二）机械干燥

机械干燥法是将稻谷装入专用的谷物干燥机，然后压送加热的空气，热空气穿过潮湿的稻谷，带走多余的水分。与自然干燥法相比机械干燥不受天气等自然因素的制约，干燥及时，可以避免自然干燥过程中可能出现的污染物，彻底排除谷物霉变的可能性，能确保稻谷的品质和安全。干燥谷物的机械要保持机体的清洁，在干燥前要对机械的内外进行彻底的打扫，避免存在前干燥物的残留和沙石、尘土，同时，要检查机械的安全性能，谷粒在干燥机内交叉混流，互相搓揉，使芒、枝梗等杂质能够清除的较为干净，使稻谷的清洁度大大提高。机械干燥的优点是操作简单省力，生产率高，干燥时间缩短，适用于大规模作业的米业、公司和农场批量处理稻谷，缺点是前期投入高。

三、稻谷清洁运输技术

水稻清洁运输要尽量符合绿色食品的环境要求，同时，要考虑到资源的节约、资源的再循环利用、包装材料易降解等方面，尽量采用易降解的、不存在污染隐患的纸质，或用易降解、无污染、环保型塑料等材料，运输过程中不要与其他物质同车混载，做到单品单运和清洁卫生。农户在清洁稻谷的运输过程中，要按划定的地块图，进行统一编号，并派人负责监督，避免混杂，每袋写好标签，建立质量保证系统和可追溯制度[4-5]。

第二节　稻谷清洁贮藏

稻谷在贮藏过程中常受灰层及虫、鼠、霉菌等有害生物侵害，造成量和质的损失，当前对仓储有害生物使用最多的方法是化学防治方法，该法虽然效果迅速、费用低廉，但会给稻谷带来不同程度的污染，且由于仓储生物耐药性的提高，化学药剂效果下降甚至可能失效，不具有可持续性。稻谷清洁贮藏是指采用有效的生态手段，避免化学药剂污染，延缓稻谷陈化，确保稻谷安全、卫生的综合性贮藏方法。稻谷清洁贮藏技术以储粮生态学为理论基础，遵循"以防为主，综合防治"的保粮方针，在粮食贮藏过程中尽量少用或不用化学药剂，以调控储粮生态因子为主要手段，从而达到保护环境，避免粮食污染，确保储粮安全，使人民群众吃到新鲜、营养、可口、无毒的放心粮的技术。

一、贮藏场所的选择及建设标准

（一）贮藏室的环境要求

（1）稻谷清洁贮藏的贮藏室必须建在环境良好，无任何污染的地带，所处地的环境大气应符合 GB 3095—2012《环境空气质量标准》中规定的二级以上标准要求（表 8-1）。

（2）贮藏室要距离垃圾场、医院 500m 以上，离喷洒化学农药的农田 500m 以上，离交通主干道 50m 以上，离排放"三废"的工矿企业 1 000m 以上。

（3）贮藏室尽可能远离居民区。

表 8-1　环境空气污染物基本项目浓度限值

污染物项目	平均时间	浓度限值（$\mu g \cdot m^{-3}$）	污染物项目	平均时间	浓度限值（$\mu g \cdot m^{-3}$）
二氧化硫（SO_2）	1 年	60	二氧化氮（NO_2）	1 年	40
	24h	150		24h	80
	1h	500		1h	200
氮氧化物（NO_X）	1 年	50	臭氧（O_3）	日最大 8h	160
	24h	100			
	1h	250		1h	200
颗粒物（粒径小于等于 10μm）	1 年	70	颗粒物（粒径小于等于 2.5μm）	1 年	35
	24h	150		24h	75
总悬浮颗粒物（TSP）	1 年	200	一氧化碳（CO）	24h	4
	24h	300		1h	10
铅（Pb）	1 年	0.5	苯并［a］芘（BaP）	1 年	0.001
	1s	1		24h	0.002 5

（二）贮藏室建设标准

（1）贮藏室可建成钢筋混凝土多层结构，也可用新型环保材料组装而成，但必须达到干燥、避光、防潮等要求。

（2）贮藏室的建设必须达到国家建筑标准所要求的指标，设计要符合《中华人民共和国食品卫生法》《中华人民共和国环境保护法》的要求。

（3）应有与产品流量相适应的贮藏空间，最好建成低温保鲜式贮藏室。

二、稻谷的清洁贮藏方法

（一）常规清洁贮藏技术

常规清洁贮藏技术是一种基本适用于各种粮食的贮藏方法，也是基层粮库普遍广泛采用的保管稻谷方法。从粮食入库到出库，在一个贮藏周期之内，通过加强粮情检查，提高入库质量，根据季节的变化采取恰当的管理，防止病虫害，具体做法如下。

1. 控制稻谷水分

入仓稻谷水分高低是稻谷能否安全贮藏的关键，一般早、中籼稻收获期气温高，收获后易及时干燥，所以入库时的水分低，可达到或低于安全水分，易于贮藏。但晚粳稻收获期是低温季节，不容易干燥，入库时的水分一般会比较高，应该采取不同的办法干燥降水，春暖之前要将烘干设备处理完毕，如无干燥设备，可利用冬春季节的有利时机进行晾晒降水，或利用通风系统通风降水，使水分降至夏天安全水分标准以下。稻谷的安全水分标准，要随种类、季节和气候条件来确定。稻谷的安全水分界限标准见表8-2[6]。

表8-2　稻谷的安全贮藏含水量

贮藏温度（℃）	早籼含水量（%）	中晚籼含水量（%）	中早粳含水量（%）	晚粳含水量（%）
30	≤13	≤13.5	≤14	≤15
20	14	14.5	15	16
10	15	15.5	16	17
5	≤16	16.5	≤17	≤18

注：做种子用的稻谷，为了保持它的发芽率，度过夏季的水分还应低于表中的安全标准1个百分点

2. 清除稻谷杂质

稻谷中的有机杂质（如稗粒、杂草、瘪粒、穗梗、叶片、糠灰等），入库

时由于自动分级作用，很容易聚集在粮堆的某一部位，形成杂质区。杂质中的稗粒、杂草和瘪粒含水量高，带菌量多，吸湿性强，呼吸强度大，很不稳定。而糠灰等细小杂质则会堵塞或减少粮堆的孔隙度，容易促使堆内湿热积聚，导致霉菌和仓虫大量繁殖。因此，入库前要进行风扬、过筛或机械除杂，使杂质含量降低到最低限度，以提高稻谷的贮藏稳定性。通常把稻谷中的杂质含量降低到 0.5% 以下，就可提高稻谷的贮藏稳定性。入库时要坚持做到"四分开"，即新粮与陈粮分开、干粮与湿度较大的粮分开，将不同的粮种分开，将虫蚀的粮和没有虫蚀的粮分开，提高贮藏的稳定性。

3. 稻谷分级贮藏

入库的稻谷要做到分级储贮藏，即要按品种、好次、新陈、干湿、有虫无虫分开堆放，分仓贮藏。稻谷的种类和品种不同，对储存时间和保管方法都有不同的要求。因此，入库时要按品种分开堆放。种子粮还要按品种专仓贮存，避免混杂，以确保种子的纯度和种用价值。同一品种的稻谷，它的质量并不是完全一致的。入库时要坚持做到不同品种、不同等级的稻谷分开堆放，也就是说，出糙率高、杂质少、籽粒饱满的稻谷要与出糙率低、杂质多、籽粒不饱满的稻谷分开堆放。上年收获的稻谷，由于贮存了一年，已开始陈化，它的种用价值与食用价值往往会随之发生一些变化；而当年收获的稻谷，由于未经贮藏或只经过短期贮藏，通常尚未陈化，故它的种用价值与食用价值良好。因此，入库时要把新粮与陈粮严格分开堆放，防止混杂，以利商品对路供应并确保稻谷安全贮藏。入库时要严格按照稻谷水分高低（干湿程度）分开堆放，保持同一堆内各部位稻谷的水分差异不大，以避免堆内发生因水分扩散转移而引起的结露、霉变现象。入库时，有的稻谷有虫，有的无虫。这两种稻谷如果混杂在一仓，就会相互感染扩大虫粮数量，增加药剂消耗和费用开支。因此，入库时要将有虫的稻谷与无虫的稻谷分开贮藏。

4. 稻谷通风降温

稻谷入库后，特别是早、中稻入库后，粮温高，生理活动旺盛，堆内积热难以散发，容易引起发热，导致谷堆表层结露、霉变、生芽，造成损失。因此，稻谷入库后要及时通风降温，缩小粮温与外温或粮温与仓温的温差，防止结露。根据经验，采用离心式通风机、通风地槽、通风竹笼与存气箱等通风设施在 9—10 月、11—12 月和 1—2 月分 3 个阶段，利用夜间冷凉的空气，间歇性地进行机械通风，可以使粮温从 33~35℃，分阶段依次降低到 25℃ 左右、15℃ 左右和 10℃ 以下，从而能有效地防止稻谷发热、结露、霉变、生芽，确保安全贮藏。据经验,采用排风扇或低压轴流式风机(排风扇风量 140~170m³·min⁻¹,电机功率 0.3~0.6kW)进行负压式通风,可以获得与离心式风机通风相同的降温效果,但却可显著节省通风设备投资费,大幅度降低能源消耗、节约通风操作费用,是一种较理想的通风降温储粮技术。排风扇负压式通风的操作方法的一种是:将仓房门窗用塑料薄膜严格密封,利用安装在仓房墙壁上的排风扇向仓外排风,使仓内和粮堆内形成负压(仓内负压以保持在 100~200Pa 为宜),以迫使仓外冷凉空气从仓底进风口进入仓内并穿过粮堆带走堆内部分热量,再经仓墙上的排风扇排出仓外,从而使稻谷温度逐渐均匀下降,实现安全贮藏[7]。

5. 稻谷仓储害虫的清洁防治

稻谷入库后,特别是早、中稻入库后,容易感染储粮害虫,遭受害虫严重为害,造成较大的损失。大多数为害粮食的害虫都会出现在稻谷贮藏期,主要的害虫有以下几种;米象和玉米象、谷蠹、锯谷盗、印度古蛾、麦蛾等。因此,稻谷入库后要及时采取有效措施全面防治害虫。稻谷仓储害虫的清洁防治要从生物与环境的整体出发,本着预防为主的基本指导思想,"安全、有效、经济、简易"的基本原则,因地、因时、因仓、因粮制宜,合理选用自然的、习性的、物理的、化学的和生物的基本方法以及其他有效的生态手段,以确保稻谷安全,保质保量,保证人们身体健康。一般可采用以下几个方法。

(1)灯光诱捕。依据仓储害虫对灯光的习性,利用黑光灯、紫外高压诱杀灯、频振式诱虫灯等诱杀,符合稻谷绿色贮藏的要求,且简便易行。如黑光灯对谷蠹等仓储害虫诱杀效果较好;紫外高压诱杀灯能诱捕各类活动期的仓储害虫(包括幼虫)和螨类,特别是对麦蛾、玉米象、豌豆象、咖啡豆象、谷蠹、长角谷盗、脊胸露尾甲、书虱等常见仓储害虫都有较好的诱捕效果;频振式杀虫灯能同时运用光、波、色、味 4 种诱杀方式,近距离用光、远距离用频振波,加以色和味引诱害虫成虫扑灯,灯外配以频振高压电网触杀,对锈赤扁谷盗、麦蛾、谷蠹、玉米象、赤拟谷盗及印度谷蛾等仓储害虫具有良好诱杀效果。也可以根据仓储害虫的生活习性,每年 5 月开始在所有的储粮仓内安装荧光灯,诱杀储粮害虫。灯外配以高压电网触杀,使害虫落入集虫袋,降低虫口密度,减少储粮的含虫孵量,达到控制害虫为害的目的。在虫口密度不大时,可利用诱杀灯控制害虫消长,减少磷化氢熏蒸次数,甚至可做到不熏蒸,实现稻谷绿色贮藏。

(2)天然硅藻土诱杀。硅藻土是一种极为丰富的自然资源,目前已有 30

多个国家生产利用硅藻土。利用经过特殊加工的硅藻土，使其表面粗糙，棱角突出，并加上少量的引诱剂而成的新型杀虫剂，其杀虫活性属于物理作用，当害虫接触时，引起害虫表皮蜡质层被磨损穿刺，致使害虫体内水分蒸发，大量脱水而死亡。在散装粮堆中拌上 50~70mg/L 就能较好地控制害虫。该法具有残效期长、不污染环境，对高等动物无毒，人、畜安全，害虫不产生抗性等优点。

（3）化学信息素诱杀。国内外近年来研究开发化学信息素主要为：①利用性信息素和其他引诱剂做成不同形式诱捕器，捕杀储粮害虫。②利用食物引诱剂，诱杀害虫。③利用迷向技术破坏害虫两性间的联系，干扰害虫交配产卵。④利用驱避剂，阻止害虫取食或产卵。

（4）植物源杀虫剂毒杀。植物性杀虫剂对害虫的作用具有高度的特异性，不污染环境，对人、畜安全，效果稳定，害虫不易产生抗性，来源广泛，制作加工简单。如印糠子粉及其提取物毒杀稻谷仓储害虫、并使其拒食和产卵；辣根素、米糠油、a-藻烯等熏蒸防治储粮害虫也有不错的效果，且不产生污染。

6. 密闭稻谷粮堆

完成通风降温与防治害虫工作后，在冬末春初气温回升以前粮温最低时，要采取行之有效的办法压盖粮面密闭贮藏，以保持稻谷堆处于低温（15℃）或准低温（20℃）的状态，减少虫霉为害，保持品质，确保安全贮藏。常用密闭粮堆的方法有 3 种：①全仓密闭。将仓房门窗与通风道口全部关闭并用塑料薄膜严格密封门窗与通风道口的缝隙。②塑料薄膜盖顶密闭。将已热合粘接成整块的无缝无洞的塑料薄膜覆盖在已扒平的粮堆表面，再将塑料薄膜四周嵌入仓房墙壁上的塑料槽、木槽或水泥槽内，然后在槽内压入橡胶管或灌满蜡液，使其严格密闭。③草木灰或干河沙压盖密闭。这种方法一般只适宜在农村小型粮库采用。先在稻谷堆上全面覆盖一层细布，塑料薄膜或一面糊了报纸的篾席，再用较宽的黏胶带将上述覆盖材料与四周仓壁紧密相联，然后在覆盖物上全面均匀地压盖一层 10~12cm 厚已冷凉干燥的草木灰或 5~6cm 厚的干河沙，并坚持做到压盖得平、紧、密、实，以确保效果，实现安全贮藏。

（二）气调式清洁贮藏技术

稻谷的自然密闭贮藏和人工气调贮藏在长期的实践中取得了较好的效果。一是自然密闭缺氧贮藏。主要在于粮堆的密闭效果。缺氧的速度源于贮藏时的水分、温度以及粮食自身的质量，一般水分大、粮温高、新粮、有虫缺氧快。根据实践经验，对于新粮粮温在 20~25℃，粳稻水分在 16% 左右，籼稻水分在12.5%左右就可以进行自然缺氧贮藏，但不同的温度、水分，达到低氧的时间也不相同。一些隔年的陈稻谷，降氧的速度比较慢，这时候就可以通过选择密封时机及延长密封时间等措施，提高降氧速度，尽快使粮堆达到低氧要求。一般可在春暖后，粮温达到15℃以上密封，经一个月左右可使堆内氧浓度逐渐降低。但由于早稻收获后容易干燥降水，含水量不高，同时也没有明显的后熟期，因此想要获得合适的自然缺氧效果，必须严格密封粮堆或辅以其他脱氧措施。二是人工气调贮藏。能有效延缓稻谷陈化，同时解决了稻谷后熟期短、呼吸强度低、难以自然降氧的难题。目前，国内外应用较为广泛的人工气调是充入氮气和二氧化氮气调，尤其是充二氧化氮气调，尤其是充二氧化碳得到了广泛的应用。大量的实践证明，充二氧化碳气调对于低水分稻谷的生活力影响不大，如水分低于13%的稻谷在高二氧化碳中贮藏4年以上，生活力只略有降低。但如果稻谷水分偏高，则高二氧化碳对生活力的影响将会是十分明显的。

（三）热入仓密闭式贮藏技术

热入仓密闭贮藏的优点是：具有良好的杀虫效果，避免药剂防治所造成的污染，有利于保证产品无毒，贮藏前经暴晒后的稻谷含水量低，后熟充分，工艺品质好。

贮藏方法是：首先晒好稻谷，选择晴朗干燥的天气，先将晒场晒热，上午10时后出场晒谷，掌握薄摊勤翻，晒至50~52℃，保持2h，在下午3—4时聚堆入仓，趁热密闭。密闭的方法有物料密闭和塑料薄膜密闭。其操作方法是：将已选择好的物料如谷糠、沙子、异种粮等事先晒干；稻谷入仓后，整平粮面，先在粮面上铺一层席子，其上用谷糠压盖20~30cm厚，谷糠上再压一层用旧面袋装好的沙子（10cm左右），各层盖物料要达到平、紧、密、实。塑料薄膜密闭法的做法是：选用0.18~0.2mm的聚乙烯薄膜，进行密闭封盖。

清洁稻谷热入仓密闭贮藏，入仓前要满足下述条件：一是稻谷籽粒的水分必须降到13%以下，二是高温密闭的时间一般为10~15d，视粮温而定，如粮温由入库时的50~52℃降至40℃时，粮温继续趋于下降，视为正常，如40℃的粮温又趋于回升，应及早解除封盖物，详细检查粮情。

（四）"三低"贮藏

清洁稻谷的"三低"贮藏指贮藏时低温、低氧、低药量（磷化铝等）。它的理论基础是人为的创造有利于粮情稳定而不利于虫霉繁衍生长的小气候，这种贮藏方法符合"以防为主，综合防治"的保粮方针和"安全、经济、有效"

的原则。低温、低氧、低药量三者互为补充，互为增效，能有效的控制粮食、仓虫和粮食微生物的生理活动，做到不发热、不生虫、不霉烂、不变质、少污染，及节约保管费用，又降低劳动强度。

三、稻谷清洁贮藏管理方法

（一）入库前的仓储管理

稻谷入库前要彻底修补、清扫、消毒仓库。库房渗漏，会引起稻谷局部湿度增高，感染其他部位，造成不必要的损失；潮湿的库房要事先彻底通风干燥，不给霉菌孳生提供条件；堵塞鼠洞可防止老鼠盗食稻谷及其排泄物污染粮食；清扫干净、消毒仓库内外环境，不给仓储害虫侵入仓库提供可用的媒介。

（二）稻谷入库

经高温晒干或加热干燥的种子应冷却后再入库，否则将引起种子堆内部温度过高，由于种子堆本身散热较慢，在持续高温的影响下，水稻种子所含脂肪酸会急剧增高，发生内部质变。另外，热稻谷遇到冷地面同样会引起结露，粮食不宜贴地或贴墙贮藏，地面与粮食之间要用枕木等隔开，防止地面返潮影响稻谷贮藏；稻袋不能靠墙摆放，仓库的墙壁一般是冷热传导的介质，冬季墙壁外冷内热，致使仓库内墙潮湿，所以码稻袋垛至少离开墙 50cm，以免稻谷受潮。

（三）低温天气贮藏

低温贮藏法仍然是稻谷最佳的贮藏方式，低温库的标准是温度低于 15℃以下，准低温是指温度在 20℃以下。北方从每年的 10 月中旬至第二年的 4 月中旬，这半年的时间自然温度低于 15℃，冬天甚至能低至−30℃以下，具备得天独厚的贮藏条件。自然超低温使害虫根本无法存活，霉菌和微生物的生长也会受到抑制。贮藏管理的关键点就是将入库稻谷的含水量降至 15% 以下；另外要密闭库房，防止仓外空气进入仓内，发生稻谷表面结露现象。

（四）高温天气贮藏

对于北方来说，粳稻的越夏贮藏是难点。俗话说"春防面，夏防底"，冰雪消融的早春季节要密闭仓库，因为稻谷含水量是一个不断吸附—解吸—吸附的动态平衡过程，如果早春温暖潮湿的空气进入粮仓，会发生粮堆面层结露现象，引起稻谷霉变。夏季，仓底的湿气不能及时散失，会引起底层稻谷霉烂，夏季防底主要采用翻晒、移袋等方法降低稻谷含水量。需要越夏贮藏的稻谷要在高温雨季到来之前检测稻谷的含水量及库房空气湿度、有无返潮渗漏等情况。若稻谷含水量过高，要在高温季节到来前就晾晒或烘干稻谷，通风干燥库房。虽是高温环境，干燥的稻谷在干燥的库房中也能安全贮藏。大型的储粮单位可以利用通风机和谷物冷却机对仓库和粮堆进行通风或冷却，使粮食温度维持在 15℃ 以下；或利用在密闭仓内充入 CO_2 和 N_2 等气调的方式抑制霉菌和微生物的生长和繁殖，达到安全贮藏的目的。

（五）做好贮藏期间定期检查工作

粮食贮藏期间，要定期检查稻谷贮藏情况，如库房有无渗漏、稻谷温度和含水量、虫害、霉变等情况，检查时分上、中、下三层定点取样，刚入库和高温季节要增加检查次数，稻谷一旦发热霉变，就会迅速发展，只有及时发现问题，才能及时采取措施解决问题。

（六）稻谷清洁贮藏管理应注意事项

（1）贮藏室要做到无鼠、无虫、无霉变、无异味、无有害气体。

（2）经常保持贮藏室的清洁，物品摆放整齐有序。

（3）每批产品的出入库和库存时的环境及库存指标均进行登记备案，原始记录要保存三年以上。

（4）贮藏室内严禁吸烟和吐痰，严禁使用化学合成的杀虫剂、杀菌剂和灭鼠剂等，可使用验证合格准用的中草药制剂来防虫、防霉、防鼠等。

第三节　稻谷清洁加工及销售

稻谷加工的过程控制技术是稻米清洁生产的基本技术之一，也是清洁稻米从产地到餐桌必不可少的重要环节。稻米加工的过程控制技术主要包括对大米的加工、包装、标识、贮藏、运输、贸易及记录等进行严格控制。其加工过程的质量管理还必须符合国家质检总局规定的食品质量安全市场准入（QS）对大米生产许可的基本要求[8]。

一、对稻谷清洁加工的环境条件

（一）稻谷清洁加工场所环境要求

（1）加工场所的选址及建设。稻谷清洁加工场所必须干净、整洁，应建在交通方便、水源充足，远离粉尘、烟雾、有害气体及污染的地区，建筑设计必须符合国家相关法律和法规的有关规定。

（2）加工场所配套设施。加工场所应有相应的更衣、洗涤、照明、通风、除尘、防霉、防蝇、防鼠、防蟑螂以及堆放垃圾的设施。加工废水和生活污水要有完善的收集、处理和排放系统，排放的废水应符合 GB8978《污水综合排放标准》的规定，排放的其他废弃物也应达到相应的排放标准。

（二）稻谷清洁加工设备要求

（1）稻谷清洁加工单位应配有专用设备，并标明其用途和使用方法，如果不得不与常规加工共用设备，应在常规加工结束后对设备进行彻底清理。

（2）稻谷加工设备中与被加工原料直接接触的零部件应选用无污染材料，特别是要禁止使用含铅材料，使用前后均应清洁干净，设备卫生清洁用品和方法应经认证机构认可，要有良好的有机操作方式。

（3）稻谷加工机械设备与被加工原料直接接触部位不得允许有漏油、渗油现象。抛光室、筛片、色选机、碾米室通道等不得允许有油污或油漆。

（4）在制造和维修设备时，禁止使用铅含量超过 5%的铅铝焊条，铅含量少 5%的焊条只有在 pH 值 6.7~7.3 才可使用[9]。

（5）加工用水水质必须达到 GB 3838《地面水环境质量标准》中规定的Ⅱ类标准，清洗直接与稻米接触的设备用水和直接进入产品的用水应符合 GB 5749《生活饮用水卫生标准》规定。

（三）稻谷清洁加工操作人员要求

（1）参与稻谷清洁加工的所有人员上岗前必须经过培训，树立有机加工基本理念，熟悉有机加工基本标准，掌握有机操作基本要求和技能。

（2）参与稻谷清洁加工的所有人员上岗前必须体检，健康合格者才能上岗，并进行定期检查。

（3）参与稻谷清洁加工的所有人员必须保持个人卫生，禁止吸烟和随地吐痰。

（4）离开工作现场应换下工作服并置于专用更衣室内。

（5）应设有专职技术人员负责每批次产品（原料至成品）加工全过程的跟踪检查与记录。

二、稻谷清洁加工工艺

（一）稻谷清洁加工生产要求

（1）工艺要合理，所采用的工艺要保证不破坏稻米的主要营养成分，并根据无公害、绿色 A 级、绿色 AA 级和有机稻米的产品标准，采用相应的加工工艺，确保产品质量。

（2）加工过程中禁止使用离子辐照处理。

（3）加工过程批次要清楚，严格区分各级清洁生产的稻谷和普通的原料稻谷，防止不同级别的稻谷混杂在一起。

（4）每一批次产品均应编以批号，专门建档，详细记录稻谷原料状况和加工全过程。批号必须包含单位名称、稻田地块号、收获日期、贮存仓库号和生产批次等信息。

（二）稻谷清洁加工过程调控

（1）稻谷清理与稻谷分级。稻谷清理工艺设计多道筛选、多道去石，在实际生产中，依据稻谷含杂，灵活选用筛选、去石的道数。加强风选，保证净谷质量。在清理流程末端将稻谷按大小粒分级，分开砻谷、碾米，合理选择砻碾设备技术参数，减少碎米，提高清洁稻米的商品价值。

（2）回砻谷加工与糙米调质。选用一台砻谷机单独加工回砻谷，合理调整辊压及线速差。一是减少糙碎米、爆腰粒率及提高稻米品质；二是降低消耗、电耗及降低成本。适宜的糙米碾白水分为13.5%~15%，糙米水分低，碎米多。采用糙米雾化着水并润糙一段时间，减少碾米过程中的碎米，提高出米率[10]。

（3）多道碾米与大米抛光。多道碾制大米，碾米机机内压力小，轻碾细磨，胚乳受损小、碎米少，则出米率提高，糙白不匀率降低。大米抛光，借助摩擦作用将米粒表面浮糠擦除，提高米粒表面的光洁度，提高大米外观品质，同时有助于大米保鲜。

（4）碾白、抛光道数设计及大米色选。稻谷清洁加工稻米，选用3~4道碾白，2道抛光，色选用于除去米粒中的异色米粒及异色杂质，是稻谷清洁加工时一道重要的保证产品质量的工序。

三、成品稻米清洁包装

（一）包装

（1）包装材料。稻米清洁包装所有包装材料均应清洁、卫生、干燥、无毒、无异味，符合国家食品卫生要求，且所有包装应牢固，不泄漏物料。包装应简单、实用，并应考虑包装材料的回收利用，尽可能使用由木、竹、植物茎叶和纸制成的包装材料，必要时也可以使用符合食品卫生要求的塑料包装材料。

（2）包装过程。清洁包装的过程主要注意以下几点：一是加工后的成品稻米须降温至30℃或不高于室温7℃才能包装；二是包装大米的器具应专用、不得污染，应坚固、清洁、干燥、无任何昆虫传播、真菌污染及不良气味；三是打包间的落地米不得直接包装出厂；四是包装容器封口严密，不得破损、泄漏；五是出厂产品应附有厂检验部门签发的合格证，合格证应使用无毒材质制成。生产的清洁稻米质优价高，一般可采用1kg、1.5kg的纸袋、纸盒普通超小型包装，有利于大米保鲜。

（3）包装方式。推荐使用无菌包装、真空包装和以二氧化碳和氮气作为充填剂包装，产品或外包装上的印刷油墨及商标黏着剂都应无毒，且不能与食品直接接触。

（二）标识

（1）不同级别的清洁稻米包装后的标识应按规定标明产品名称、质量等级、净含量、保质期、生产单位名称和地址、生产日期、保质期、存放注意事项及专用大米（如免淘米）的食用方法说明、产品标准号、颁证证书号、特殊说明、条形码及必要的防伪标识。

（2）不同级别的清洁稻米认证标志（包括图案和文字）只能在已获认证机构颁证的产品上，并在证书限定的范围内使用。

（3）不同级别的清洁稻米认证标志在产品包装标签上印刷，必须按正式发布的标志式样、颜色和比例制作，尺寸大小必须按标准图样放大或缩小，包装器具表面图案、文字的印刷应清晰、端正、不可变形或变色。

四、成品稻米清洁贮藏和运输

（一）成品稻米清洁贮藏

（1）贮存库房选址及建设。成品稻米应有专门的贮存库房，且禁止使用会对稻米产生污染或潜在污染的建筑材料与物品，库房应保存清洁、干燥、通风、无鼠虫害，未使用任何禁用物质处理并无有害物质残留。

（2）贮存库房卫生安全。仓库在清洁贮存稻米前要进行严格的清扫和灭菌，周围环境必须清洁和卫生，并远离污染源，严禁与有毒、有害、有腐蚀性、易发霉、发潮、有异味的物品同仓库存放。

（3）稻米清洁存放。入库前应进行必要的检查，严禁受到污染和变质以及标签、账号与货物不一致的稻米入库；稻米应单独存放，如果不得不与常规产品共同存放，必须在仓库内划出特定区域，采取必要的措施确保有机产品不与常规产品混合和堆放；稻米在入仓堆放时，必须留出一定墙距、柱距、货距与顶距，成品大米堆放必须有垫板，离地10cm以上，离墙20cm以上，不允许直接放在地面上，保证贮藏的货物之间有足够的通风，且禁止不同种类产品混放；成品稻米必须按照入库先后、生产日期、批号分别存放，禁止不同生产日期的产品混放；做好仓库温度、湿度的管理，采取通风、密封、吸潮、降温等措施，并经常检测稻米的温湿度、水分以及虫害发生情况，并定期对贮藏室用物理或机械的方法消毒，不使用有污染或潜在污染的化学合成物质进行消毒，且稻米贮藏期限不能超过保质期。

（4）稻米清洁搬运及管理。管理和工作人员必须遵守卫生操作规定，贮藏仓库必须有相应的装卸、搬运等设施相配套，防止产品在装卸、搬运过程中受到损坏与污染；同时，要建立严格的仓库管理情况记录档案，详细记载进入、搬出稻米的种类、数量和时间。

（二）成品稻米清洁运输

（1）稻米清洁运输应根据稻米的特性、运输季节、距离以及产品保质贮藏的要求选择不同的运输工具，且运输必须专车专用，并保持车内清洁、卫生、干燥，在无专车的情况下，必须用密封车装运，运输过程中必须遮盖，防雨、防雪、防晒，严禁与有毒有害和有异味的物品混运。

（2）用于运输稻米的工具（包括车辆、轮船、飞机等）在装入稻米之前必须清洗干净，必要时进行灭菌消毒，且必须用无污染的材料装运稻米。

（3）装运前必须进行食品质量检查，在货物、标签与账单三者相符合的情况下才能装运。

五、稻米清洁贸易

（一）贸易场所清洁

稻米贸易和销售点必须远离会产生有毒、有害物质的场所，室内建筑材料及器具必须无毒、无异味。室内必须卫生清洁，并配备有机稻米的贮藏、防潮、防蝇和防尘设施。禁止吸烟和随地吐痰，严格禁止犬、猫进入。

（二）盛装容器清洁

直接盛装稻米的容器必须严格消毒，彻底清洗干净，并保持干燥整洁。禁止使用会对稻米产生污染的容器。容器具消毒后必须彻底清洗干净，允许使用物理、机械的方法消毒，如湿热、干燥、低温、干燥及紫外光消毒等。禁止使用人工合成的洗涤剂或杀虫剂作为消毒剂。

（三）销售人员卫生

从事贸易和销售的工作人员必须按食品卫生管理的规定，保持衣服、手以及周围环境的卫生和清洁。工作人员应经常对室内进行清洗与消毒，并了解清洁稻米的基本知识。贸易和销售时必须检查进货单位的有机稻米生产、加工、认证证书、商标及其他法律文件，严格按不同级别的稻米质量标准认真检查。检查内容包括稻米品质、规格、批号和卫生状况等。拒绝接受证货不符或质量不符合标准的稻米产品。

（四）专柜销售

稻米在销售点内贮藏或堆放时，禁止与不同类型的食品混放，提倡设立各级别清洁稻米销售专柜，进货、销售、收费、消毒以及工具要有专人负责，严禁清洁稻米与普通稻米混合销售。

参考文献

［1］　徐明财. 浅谈无公害水稻收获 ［J］. 黑龙江科技信息，2014（2）：263.

［2］　德启科. 使用水稻收获机械的技术要点分析 ［J］. 农业科技与装备，2012（1）：58-59，61.

［3］　于占海，候艳芳，赵国福. 水稻干燥技术 ［J］. 农机化研究，2004（3）：47.

［4］　刘清，彭珂. 我国粮食运输模式发展探析 ［J］. 现代物流，2009（9）：50-52.

［5］　左晓戎，袁育芬，李方，等. 我国粮食主要运输方式分析及其启示 ［J］. 粮食物流，2006（3）：39-42.

［6］　冯永建，王双林，刘云花. 稻谷贮藏安全水分研究 ［J］. 粮食贮藏，2013（20）：38-42.

［7］　杨俊贤. 浅析稻谷存储特性及储存技术 ［J］. 粮食问题研究，2016（2）：40-42.

［8］　陈铭学，金连登，朱智伟，等. 有机稻米加工的过程控制技术简述 ［J］. 中国稻米，2004（1）：50-52.

［9］　郭立山，郭元军，郭志勇，等. A 级绿色食品水稻栽培及加工技术体系推广 ［J］. 北方水稻，2009，39（6）：41-46.

［10］　刘宜柏. 绿色大米生产及其产业化 ［M］. 南昌：江西科学技术出版社，2004.